# 多角形と多面体

す不思議世界

日比孝之　著

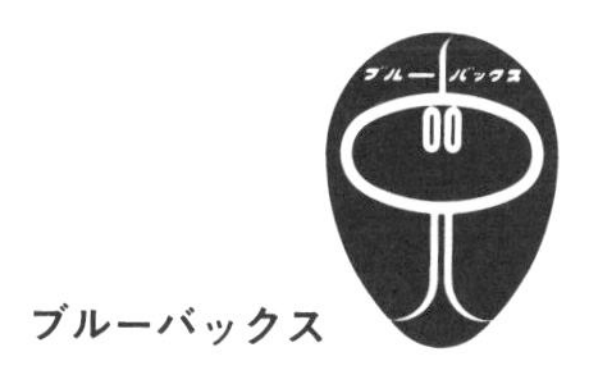

装幀／芦澤泰偉・児崎雅淑
本文デザイン／齋藤ひさの
本文図版／さくら工芸社

# はじめに

啓蒙書のジャンルに属する数学書の使命は、読者に数学を楽しんでもらうことである。厳密さに固執すると、窮屈な論理の迷路に読者を追い込むのがオチである。そうは言っても、サラサラ読めるような薄っぺらな啓蒙書を執筆することももどかしい。などなど悩んでいると、執筆は捗（はかど）らない。あれこれ思いを馳せながら筆を執る。

幼少の頃、三角柱、三角錐、直方体などの積み木で遊んだことは読者の記憶の片隅にあるだろう。小学校の算数だと、角度と面積を計算するとき、多角形に対角線を引き、悪戦苦闘したことも懐かしいだろう。本著は、$xy$ 平面の多角形と $xyz$ 空間の多面体にまつわる話題から、特に、「数え上げ」の理論を紹介する。多角形の世界と多面体の世界の乖離（かいり）は著しい。だから、多角形の世界を散策するだけだと不完全燃焼になる。であるから、多面体の世界を覗くことは必須だろうし、さらに、多面体の世界に足を踏み入れることは、一般次元の多面体論を学術書で習得するときの礎となる。

本著の内容を簡単に紹介しよう。

---

**第 1 部**

**凸多面体の起源を探る、と題し、凸多面体論の源である、オイラーの多面体定理とピックの公式を紹介する。**

まず、第 1 章は、凸多角形の三角形分割の一般化となる、三角形の貼り合わせの概念を導入し、その数え上げ公式を導く。数え上げ公式は、オイラーの多面体定理とピックの公式を証明するための補題となる。次に、第2章は、オイラーの多面体定理 $v-e+f=2$ を証明し、その帰結として、正多面体が、正四面体、正六面体、正八面体、正十二面体、正二十面体の5種類に限る、という周知の事実を、受験数学の整数問題から導く。第3章は、$xy$ 平面の格子多角形の面積を格子点の数え上げから計算するピックの公式を紹介し、それを厳密に証明する。

---

**第2部**

**凸多面体の数え上げ理論、と題する。**

第4章は、凸多面体の頂点、辺、面の数え上げ理論である。オイラーの多面体定理は $v, e, f$ が満たす等式であるが、$v, e, f$ が満たす不等式を紹介する。第5章は、格子多角形と格子凸多面体のふくらましに含まれる格子点の数え上げ函数の入門である。いわゆるエルハート多項式と呼ばれる多項式を導入し、ピックの公式を格子凸多面体に一般化する。

なお、第1部と第2部では、平面の凸多角形と空間の凸多面体の概念は既知とし、話を進めている。けれども、念のため、「準備」で凸多角形と凸多面体を定義している。ただし、本著では、多角形の概念は既知とはせず、第1章で三角形の貼り合わせを使い、導入する。

---

**第3部**

**一般次元の凸多面体論、と題する。一般の $N$ 次元空間の凸集合と凸多面体の礎を紹介する。**

本著の守備範囲は $xy$ 平面と $xyz$ 空間であるから、一般次元の議論をする必要はないが、$xyz$ 空間の凸集合と凸多面体の理論と、一般の $N$ 次元空間の凸集合と凸多面体の理論は、ほとんど乖離はない。読者の興味に従い、$N=3$ と置き換え、第 3 部を読んでもらうことも一案である。けれども、凸多面体論の歴史的背景を理解し、歴史を彩る研究の雰囲気に浸るには、一般の $N$ 次元空間の凸多面体に触れておくことは有益である。

---

**第 4 部**

**凸多面体のトレンドを追う、と題し、双対性と反射性の理論を紹介する。本著のハイライトである。**

第 7 章は $xy$ 平面の理論、第 8 章は $xyz$ 空間の理論である。第 4 部の執筆に際し、第 3 部とは独立して読めるよう配慮しているから、第 3 部を飛ばし、第 2 部に続き、第 4 部を読むこともできる。第 7 章は、双対凸多角形と反射的凸多角形の概念を導入し、12 点定理（Twelve-Point Theorem）を証明し、さらに、反射的凸多角形の分類作業を披露する。第 8 章は、格子凸多面体の双対性と反射性を巡るお喋（しゃべ）りである。詳しい証明は飛ばしているが、第 7 章を踏襲しているから、話の流れを楽しむことはできよう。反射性の理論は、格子凸多角形の世界では華麗な姿に映るが、格子凸多面体の世界では複雑怪奇であり、両者は、雲泥の差がある。

本著を読むための予備知識は、大学入学共通テストのレベルの高校数学の知識があれば十分である。ただし、第 3 部の一般次元の凸多面体論では、解析入門と線型代数入門に些（いささ）かなりとも馴染んでいることが望ましい箇所もある。

文献紹介、Memo、付録、歴史的背景は、本文を補うものである。文献紹介（第 6 章）は、凸多面体論の入門書の紹介である。Memo（第 3 章と第 5 章）は、ピックの公式に関連するスコットの定理の紹介、Memo（第 6 章）は、一般次元のオイラーの多面体定理の紹介である。第 5 章は、本文に入れると煩雑になる事柄を、付録として、掲載している。歴史的背景（第 6 章と第 8 章）は、著者の凸多面体論の研究の経験を踏まえ、凸多面体論の歴史を彩る研究論文を紹介しながら、凸多面体の現代的理論を概観している。

数学に限らず、啓蒙書の執筆に際し、その分野の学術的な背景を読者に伝えることも著者の責務であろう。単に、数学の結果をわかりやすく伝える仕事ならば、数学愛好者にもできよう。しかしながら、研究の動向を誘った微妙な雰囲気と臨場感は、その分野にどっぷりと浸っている研究者のみが伝授できる。

凸多面体の数学の「魅惑」とともに、凸多面体論を育んだ数学者の情熱を、読者に伝えることができることを願う。

2020 年 10 月 6 日　日比孝之

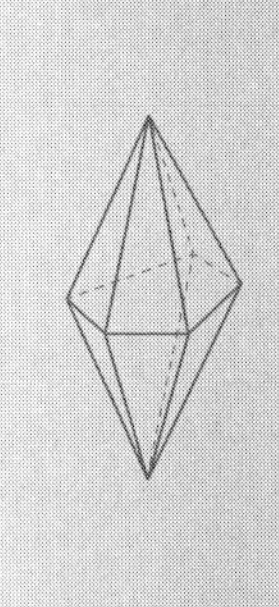

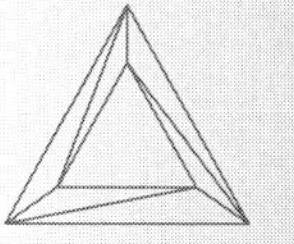

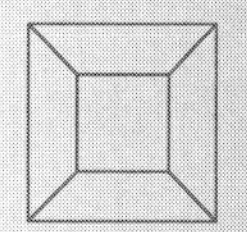

目次◆凸多面体

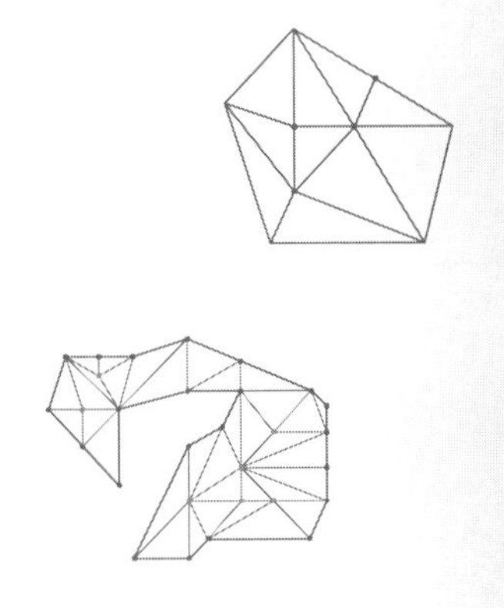

## 準　備

数学の記号は、必要となる箇所で紹介するが、一般的なものを列挙する。

- 実数の全体の集合を $\mathbb{R}$ と、整数の全体の集合を $\mathbb{Z}$ と、それぞれ、表す。
- $xy$ 平面を $\mathbb{R}^2$ と、$xyz$ 空間を $\mathbb{R}^3$ と、それぞれ、表す。
- 有限集合 $X$ に属する要素の個数を $|X|$ と表す。
- 集合 $A$ に属するが、集合 $B$ には属さない要素の全体から成る集合を $A \setminus B$ と表す。ただし、$B$ が $A$ の部分集合である必要はない。
- 異なる $n$ 個のものから $r$ 個を選ぶ組合せの個数を

$$\binom{n}{r}$$

と表す。すなわち、

$$\binom{n}{r} = \frac{n!}{r!(n-r)!}$$

である。

本著の第 1 部と第 2 部は、凸多角形と凸多面体の概念は既知とし、議論を展開する。以下、念のため、凸多角形と凸多面体を定義する。なお、本著では、多角形の概念は既知とはせず、第 1 章で三角形の貼り合わせを使い、導入する。

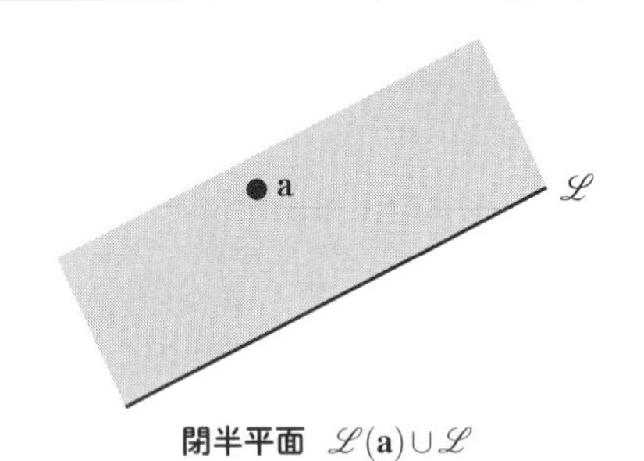


**閉半平面**　$\mathscr{L}(\mathbf{a})\cup\mathscr{L}$

平面に直線 $\mathscr{L}$ と点 $\mathbf{a}$ がある。ただし、$\mathbf{a}$ は $\mathscr{L}$ の点でないとする。このとき、$\mathscr{L}$ に関し、$\mathbf{a}$ と同じ側にある点の全体を $\mathscr{L}(\mathbf{a})$ と表す。平面の部分集合 $\mathscr{L}(\mathbf{a})\cup\mathscr{L}$ を $\mathscr{L}$ と $\mathbf{a}$ が決める**閉半平面**と呼ぶ。

平面で、有限個の閉半平面の共通部分が、半径の十分小さな円を含み、半径の十分大きな円に含まれるとき、その共通部分を**凸多角形**という。

空間に平面 $\mathscr{H}$ と点 $\mathbf{a}$ がある。ただし、$\mathbf{a}$ は $\mathscr{H}$ の上の点でないとする。このとき、$\mathscr{H}$ に関し、$\mathbf{a}$ と同じ側にある

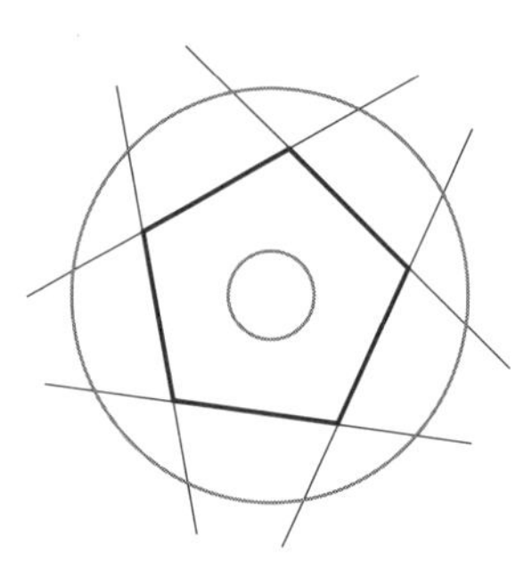

**閉半平面、円、凸多角形**

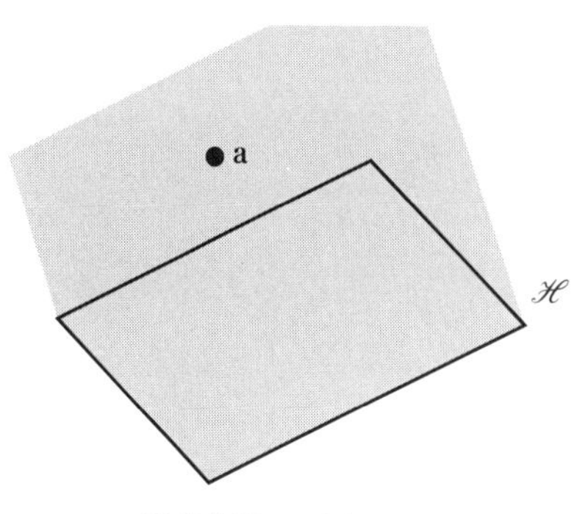


**閉半空間**　$\mathscr{H}(\mathbf{a}) \cup \mathscr{H}$

点の全体を $\mathscr{H}(\mathbf{a})$ と表す。空間の部分集合 $\mathscr{H}(\mathbf{a}) \cup \mathscr{H}$ を $\mathscr{H}$ と $\mathbf{a}$ が決める**閉半空間**と呼ぶ。

空間で、有限個の閉半空間の共通部分が、半径の十分小さな球を含み、しかも半径の十分大きな球に含まれるとき、その共通部分を**凸多面体**という。

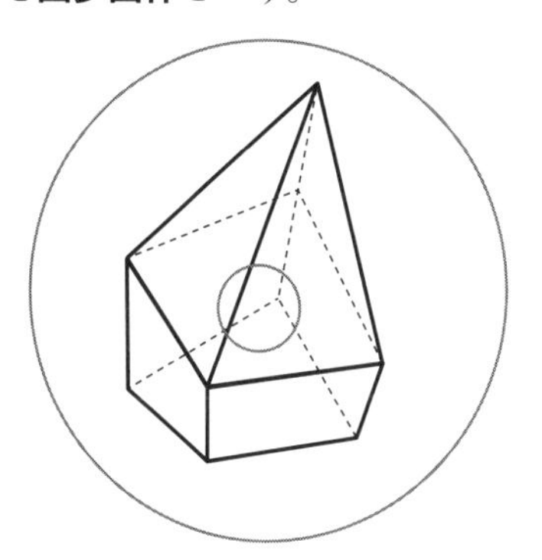

**閉半空間、球、凸多面体**

# 第1部

# 凸多面体の起源を探る

凸多面体の起源は、オイラーの多面体定理に遡り、ピックの公式は、凸多面体と格子点の交流の走りである。

第1章は、凸多角形の三角形分割を厳密に定義し、三角形分割の一般化となる三角形の貼り合わせの概念を導入する。さらに、オイラーの多面体定理、及び、ピックの公式を証明する準備となる数え上げ公式を導く。

第2章は、凸多面体の頂点、辺、面の個数に関するオイラーの多面体定理（オイラーの公式）を証明し、その応用として、空間の正多面体が、正四面体、正六面体、正八面体、正十二面体、正二十面体の5種類に限る、という事実を、整数問題の解として導く。執筆に際し、[矢野健太郎（著）『幾何学の歴史』(NHK ブックス、昭和47年)] を参考にしている。

第3章は、ピックの公式の厳密な、しかも、簡潔な証明を紹介する。$xy$ 平面の上の格子点を頂点とする多角形の面積を、その多角形の内部に含まれる格子点の個数と境界に含まれる格子点の個数から計算する公式がピックの公式である。ピックの公式は格子点の数学の礎である。

# 第1章
# 三角形分割と多角形

凸多角形の概念は既知とする。

## 1.1 三角形分割

凸多角形を対角線によって三角形に分割する操作をすると、凸 $n$ 角形の内角の和が $(n-2)\pi$ であることが従う。

一般に、凸 $n$ 角形を対角線によって三角形に分割するとき、対角線は $n-3$ 本使う。凸四角形ならば、対角線は 2 本あるから、そのどちらを使うかで、三角形への分割は 2 通りある。凸五角形ならば、いずれかの頂点から 2 本の対角線を引くことになるから、三角形への分割は 5 通りある。

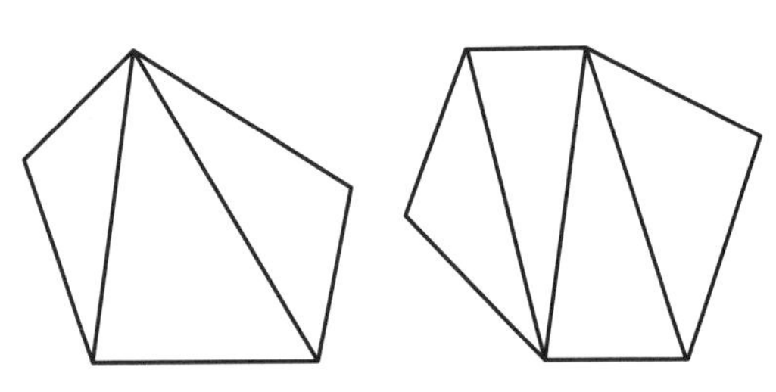

(図 1-1) 対角線による三角形への分割

凸六角形だと、対角線による三角形への分割は何通りあるだろうか。（図 1−2）の（a）型が 6 通り、（b）型が 6 通り、（c）型が 2 通りあるから、全部で 14 通りである。

凸多角形の頂点以外の点も加え、三角形に分割することも可能である。（図 1−3）の凸五角形だと、頂点以外に、辺の上に点を 1 個加え、内部に点を 3 個加え、10 個の三角形に分割している。

凸 $n$ 角形を対角線により三角形に分割するとき、必ず、$n-2$ 個の三角形に分割される。一般に、凸 $n$ 角形を、頂点以外の点も加え、三角形に分割するとき、何個の三角形に分

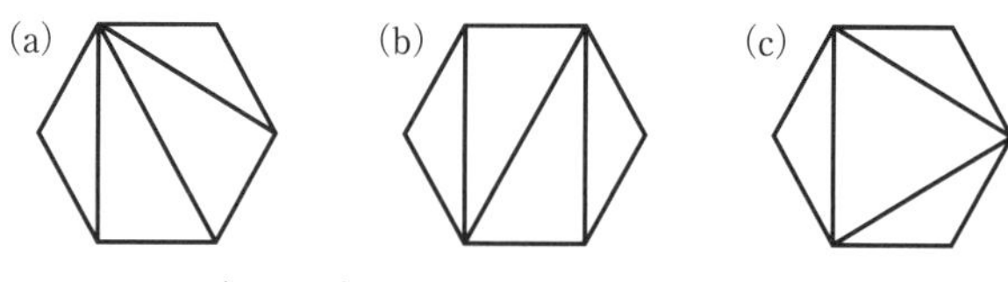


（図 1−2）　凸六角形の三角形への分割

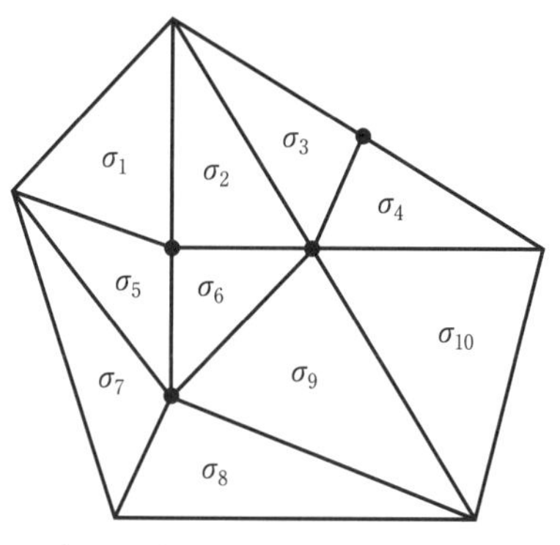


（図 1−3）　一般の三角形への分割

割されるのだろうか。

### a) 定義

まず、三角形分割を厳密に定義する。

**定義** **凸多角形 $\mathscr{P}$ に属する有限個の点の集合 $V$ は $\mathscr{P}$ の任意の頂点を含むとする。このとき、以下の条件を満たす三角形の集合 $\Delta$ を $\mathscr{P}$ の $V$ に関する三角形分割と呼ぶ。**

- **任意の三角形 $\sigma \in \Delta$ の頂点は $V$ に属する。**
- **任意の点 $\mathbf{a} \in V$ を頂点に持つ三角形 $\sigma \in \Delta$ が存在する。**
- **三角形 $\sigma \in \Delta$ と $\tau \in \Delta$ の共通部分 $\sigma \cap \tau$ は、$\sigma$ と $\tau$ の両者の辺になっているか、あるいは、$\sigma$ と $\tau$ の両者の頂点になっているか、あるいは、$\sigma \cap \tau = \emptyset$ である。**
- **凸多角形 $\mathscr{P}$ は $\Delta$ に属する三角形の和集合である。すなわち**

$$\mathscr{P} = \bigcup_{\sigma \in \Delta} \sigma$$

**である。**

凸多角形の三角形分割とは、あくまでも、三角形の集合である。しかしながら、三角形分割を図示するときは、簡単のため、その三角形分割に属する三角形を、その凸多角形に描くことが慣習である。

一般に、凸 $n$ 角形に $n-3$ 本の対角線を引き $n-2$ 個の三角形を作ると、それらの三角形の集合は、凸 $n$ 角形の三角形分割になっている。

凸五角形（図 1−3）の 5 個の頂点に、4 個の●の点を加えた有限集合を $V$ とするとき、10 個の三角形の集合

$$\Delta = \{\sigma_1, \sigma_2, \cdots, \sigma_{10}\}$$

は、その凸五角形の $V$ に関する三角形分割である。

三角形分割の定義で、特に、$\sigma \in \Delta$ と $\tau \in \Delta$ の共通部分

$$\sigma \cap \tau$$

に関する条件は注意が必要である。たとえば、

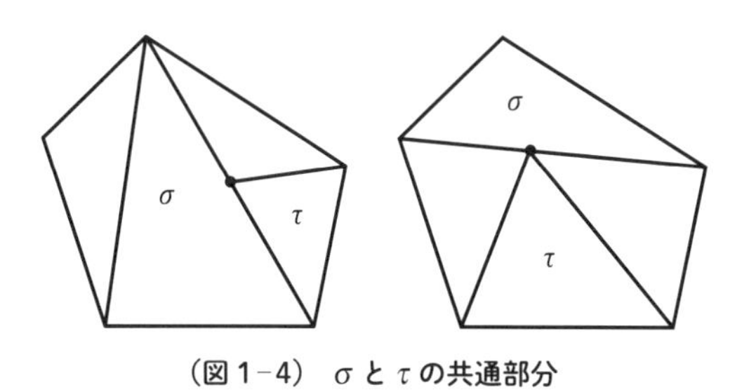


（図 1−4）　$\sigma$ と $\tau$ の共通部分

の両者は、凸五角形を三角形に分割しているといえなくもないが、$\sigma \cap \tau$ は三角形分割の条件を満たさないから、両者とも、三角形分割とはならない。

三角形分割が存在することは凸多角形を描くと自明なのではなかろうか、との錯覚を抱くかもしれないが、厳密に証明しようとすると、それほど単純なことではない。

### b) 存在

三角形分割の存在を証明しよう。一般に、有限集合 $X$ に属する元の個数を $|X|$ と表す。特に、$|\emptyset| = 0$ となる。

**(1.1) 定理　凸多角形 $\mathscr{P}$ に属する有限個の点の集合 $V$ が $\mathscr{P}$ の任意の頂点を含むとき、$\mathscr{P}$ の $V$ に関する三角形分割 $\Delta$ が存在する。**

[証明]　凸 $n$ 角形 $\mathscr{P}$ を考え、有限集合 $V$ に属する点の個数 $|V|$ に関する数学的帰納法を使う。

まず、$|V|$ がもっとも小さくなるのは、$V$ が $\mathscr{P}$ の頂点の集合と一致するとき、すなわち、$|V| = n \geq 3$ のときである。そのときは、一つの頂点から、$n-3$ 本の対角線を引き、$n-2$ 個の三角形を作り、それらの三角形から成る集合を $\Delta$ とすると、$\Delta$ は $\mathscr{P}$ の三角形分割となる。

数学的帰納法を使う証明をしているのだから、続くステップは、$|V| > n$ とし、$|V| = n-1$ のときは成立すると仮定することである。

いま、$|V| > n$ であるから、$V$ は $\mathscr{P}$ の頂点とは異なる点 $\mathbf{x}$ を含む。このとき、$V' = V \setminus \{\mathbf{x}\}$ とする*1と、$|V'| = n-1$ であるから、数学的帰納法の仮定を使うと、$\mathscr{P}$ の $V'$ に関する三角形分割 $\Delta'$ が存在する*2。以下、点 $\mathbf{x}$ の位置による 3 通りの場合分けが必要である。

(図 1-5) 点 $\mathbf{x}$ が三角形 $\boldsymbol{\sigma} \in \Delta'$ の内部に属するときを扱う。

---

*1　一般に、集合 $A$ と集合 $B$ があるとき、$A$ に属するが $B$ には属さない元の全体から成る集合を $A \setminus B$ と表す。ただし、$B$ が $A$ の部分集合である必要はない。
*2　(図 1-5)から(図 1-7)の黒の実線の三角形から成る三角形分割が $\Delta'$ である。

このとき、$\mathbf{x}$ と $\boldsymbol{\sigma}$ の頂点を結び、$\boldsymbol{\sigma}$ を 3 個の三角形 $\tau_1, \tau_2, \tau_3$ に分割し

$$\Delta = (\Delta' \setminus \{\,\sigma\,\}) \cup \{\,\tau_1, \tau_2, \tau_3\,\}$$

とすれば、$\Delta$ は $\mathscr{P}$ の三角形分割となる。

（図 1–6）点 $\mathbf{x}$ が三角形 $\boldsymbol{\sigma} \in \Delta'$ の辺 $\mathscr{E}$ に属し、しかも、$\mathscr{P}$ の辺にも属するときを扱う。このとき、$\boldsymbol{\sigma} \in \Delta'$ の辺 $\mathscr{E}$ の両端とは異なる $\boldsymbol{\sigma}$ の頂点を $\mathbf{y}$ とし、点 $\mathbf{x}$ と $\mathbf{y}$ を結び、$\boldsymbol{\sigma}$ を 2 個の三角形 $\tau_1, \tau_2$ に分割し、

$$\Delta = (\Delta' \setminus \{\,\sigma\,\}) \cup \{\,\tau_1, \tau_2\,\}$$

とすれば、$\Delta$ は $\mathscr{P}$ の三角形分割となる。

（図 1–7）点 $\mathbf{x}$ が三角形 $\boldsymbol{\sigma} \in \Delta'$ の辺 $\mathscr{E}$ に属するが、$\mathscr{P}$ の辺には属さないときを扱う。このとき、$\mathscr{E}$ を辺とする $\boldsymbol{\sigma}' \in \Delta', \boldsymbol{\sigma} \neq \boldsymbol{\sigma}'$ が存在する。いま、$\boldsymbol{\sigma} \in \Delta'$ の辺 $\mathscr{E}$ の両端とは異なる $\boldsymbol{\sigma}$ の頂点を $\mathbf{y}$ とし、$\boldsymbol{\sigma}' \in \Delta'$ の辺 $\mathscr{E}$ の両端とは異なる $\boldsymbol{\sigma}'$ の頂点を $\mathbf{y}'$ とする。点 $\mathbf{x}$ と $\mathbf{y}$ を結び、$\boldsymbol{\sigma}$ を 2 個の三角形 $\tau_1, \tau_2$ に分割し、さらに、点 $\mathbf{x}$ と $\mathbf{y}'$ を結び、$\boldsymbol{\sigma}'$ を 2 個の三角形 $\tau'_1, \tau'_2$ に分割する。すると、

$$\Delta = (\Delta' \setminus \{\,\sigma, \sigma'\,\}) \cup \{\,\tau_1, \tau_2, \tau'_1, \tau'_2\,\}$$

は $\mathscr{P}$ の三角形分割となる。

以上から、定理（1.1）の証明が完結する。■

### c）カタラン数

本著の守備範囲からはちょっと外れるが、凸多角形の三角

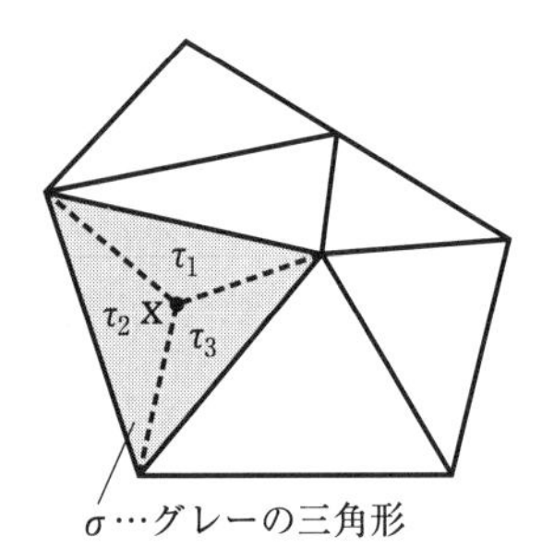


（図 1-5）　$\Delta = (\Delta' \setminus \{\sigma\}) \cup \{\tau_1, \tau_2, \tau_3\}$

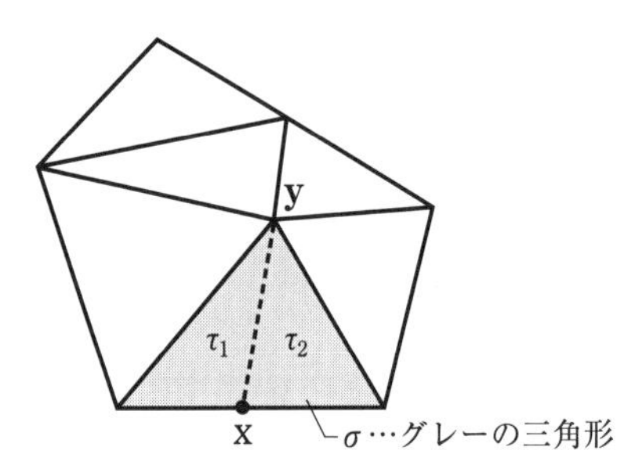


（図 1-6）　$\Delta = (\Delta' \setminus \{\sigma\}) \cup \{\tau_1, \tau_2\}$

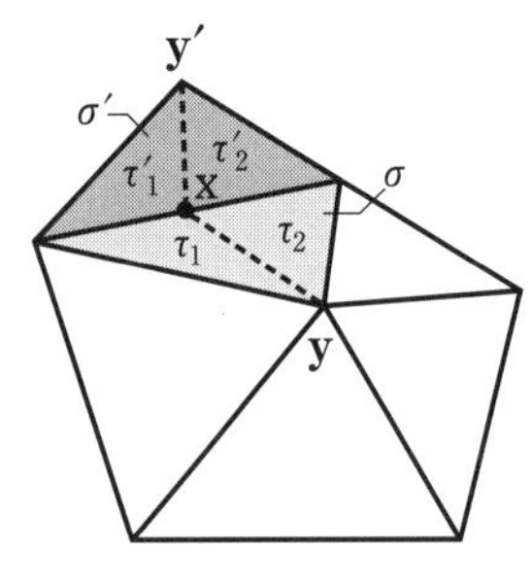


（図 1-7）　$\Delta = (\Delta' \setminus \{\sigma, \sigma'\}) \cup \{\tau_1, \tau_2, \tau_1', \tau_2'\}$

形分割の数え上げに関連するカタラン数を紹介しよう。

凸 $n+2$ 角形に $n-1$ 本の対角線を引いて三角形に分割する三角形分割の個数を $C_n$ とする。すると、

$$C_1 = 1,\ C_2 = 2,\ C_3 = 5,\ C_4 = 14$$

となる*。便宜上、$C_0 = 1$ とする。

- 数列 $\{C_n\}_{n=0}^{\infty}$ は漸化式

$$C_{n+1} = \sum_{i=0}^{n} C_i C_{n-i} \tag{1}$$

を満たす。

たとえば、

$$C_5 = C_0C_4 + C_1C_3 + C_2C_2 + C_3C_1 + C_4C_0 = 42$$

となる。

漸化式 (1) を証明しよう。凸 $n+3$ 角形の頂点を時計回りに $1, 2, \cdots, n, n+1, n+2, n+3$ とし、1 と 2 を結ぶ辺を $e$ とする。すると、その凸 $n+3$ 角形の三角形分割で $e$ を含む三角形の頂点が $1, 2, i+3$（ただし、$i = 0, 1, \cdots, n$）となるようなものの個数は（図 1–8）から $C_iC_{n-i}$ となる。それゆえ、漸化式 (1) が導かれる。■

漸化式 (1) から

$$C_n = \frac{1}{n+1}\binom{2n}{n} = \frac{(2n)!}{(n+1)!\,n!} \tag{2}$$

---

* 凸六角形のときは（図 1–2）を参照されたい。

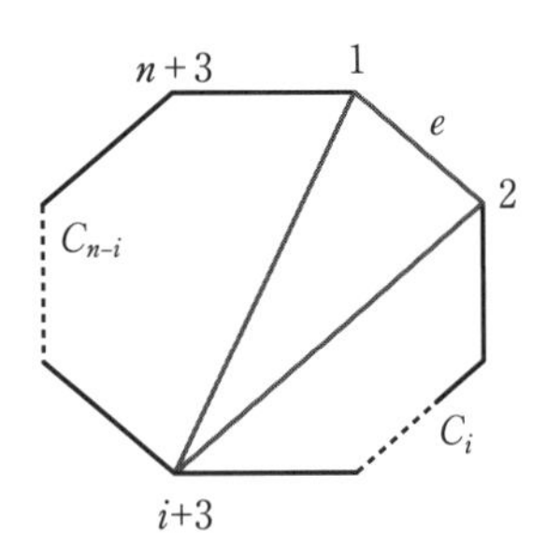


（図 1−8） カタラン数の漸化式

が導かれる。ただし、$\binom{n}{i}$ は**二項係数**

$$\binom{n}{i} = \frac{n!}{i!(n-i)!}$$

である*。

- $C_n = \frac{1}{n+1}\binom{2n}{n} = \frac{(2n)!}{(n+1)!n!}$ を $n$ 番目の**カタラン数**と呼ぶ。

受験数学の漸化式の解法の以呂波を駆使したとしても、漸化式 (1) から公式 (2) を導くことは、難題である。数え上げ組合せ論の常套手段の母函数の概念が必要である。

（雑談ですが……） 数列 $\{C_n\}_{n=0}^{\infty}$ の母函数

$$F(\lambda) = C_0 + C_1\lambda + C_2\lambda^2 + \cdots + C_n\lambda^n + \cdots$$

は、漸化式 (1) から

$$\lambda F(\lambda)^2 = F(\lambda) - 1$$

---

＊ 高校数学だと ${}_n\mathrm{C}_i$ と表される。

を満たす。すると、

$$F(\lambda) = \frac{1 - \sqrt{1 - 4\lambda}}{2\lambda}$$

となる。右辺を展開すると、$\lambda^n$ の係数は

$$\frac{1}{n+1}\binom{2n}{n} = \frac{(2n)!}{(n+1)!n!}$$

である。(……以上です。)

**文献紹介**

カタラン数は、凸多角形の三角形分割の個数以外にも、おびただしい解釈が知られている。カタラン数の魅力は

- R. P. Stanley, "Enumerative Combinatorics, Volume II," Cambridge University Press, 1999.

を参照されたい。

## 1.2 三角形の貼り合わせ

### a) 定義

凸多角形の三角形分割を一般化し、三角形の貼り合わせの概念を導入する。三角形の貼り合わせから多角形を定義する*。

**定義**　平面 $\mathscr{H}$ の三角形から成る有限集合 $\Gamma$ が（空でなく、

---

* 本著では、凸多角形の概念は、準備（第 0 章！）で定義しているが、本文だと、原則、既知とし、凸 $n$ 角形などもわざわざ定義することなく使っている。しかしながら、多角形の概念は導入していない。多角形を算数の教科書のように、感覚で導入すると、めちゃくちゃに複雑な多角形も認めることとなり、議論の展開が難しくなる。それゆえ、本著では、多角形を三角形の貼り合わせから定義する。

**しかも）以下の条件を満たすとき、$\Gamma$ を平面 $\mathscr{H}$ の上の三角形の貼り合わせと呼ぶ。**

> **三角形 $\sigma \in \Gamma$ と $\tau \in \Gamma$ の共通部分 $\sigma \cap \tau$ は、$\sigma$ と $\tau$ の両者の辺になっているか、あるいは、$\sigma$ と $\tau$ の両者の頂点になっているか、あるいは、$\sigma \cap \tau = \emptyset$ である。**

たとえば、(図 1-9) から (図 1-11) のそれぞれの三角形の集合

$$\Gamma = \{\sigma_1, \sigma_2, \cdots\}$$

は、いずれも三角形の貼り合わせとなる。

平面 $\mathscr{H}$ の三角形の貼り合わせ $\Gamma$ の頂点と辺を定義する。

- 平面 $\mathscr{H}$ の点 $\mathbf{x}$ が $\Gamma$ の頂点とは、$\mathbf{x}$ を頂点とする $\sigma \in \Gamma$ が存在するときにいう。
- 平面 $\mathscr{H}$ の線分 $\mathscr{E}$ が $\Gamma$ の辺とは、$\mathscr{E}$ を辺とする $\sigma \in \Gamma$ が存在するときにいう。
- 線分 $\mathscr{E}$ を辺とする $\sigma \in \Gamma$ がただ一つのとき、$\mathscr{E}$ を $\Gamma$ の**境界辺**と呼ぶ。

たとえば、(図 1-9) から (図 1-11) の、それぞれの三角形の貼り合わせの境界辺は、太線の辺である。

### b) 単連結

単連結な三角形の貼り合わせを導入する。

**定義　三角形の貼り合わせ $\Gamma$ が以下の条件を満たすとき、単連結と呼ぶ。**

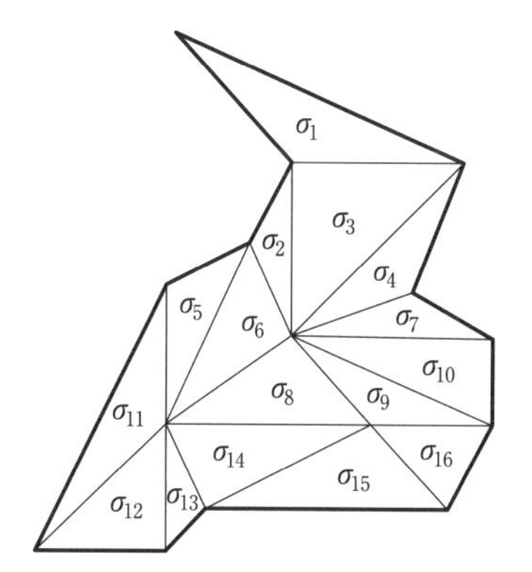


（図 1−9）　三角形の貼り合わせ

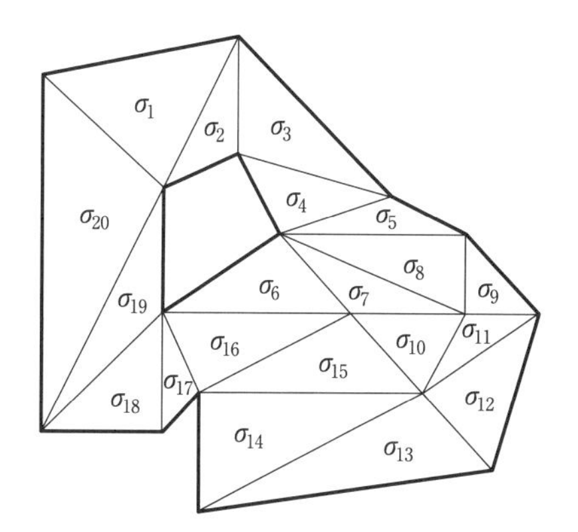


（図 1−10）　穴のある三角形の貼り合わせ

- 貼り合わせ $\Gamma$ の境界辺を適当に並べ $\mathscr{E}_1, \cdots, \mathscr{E}_q$ とすると

$$\mathscr{E}_i \cap \mathscr{E}_{i+1} \neq \emptyset, \ \ i = 1, \cdots, n$$

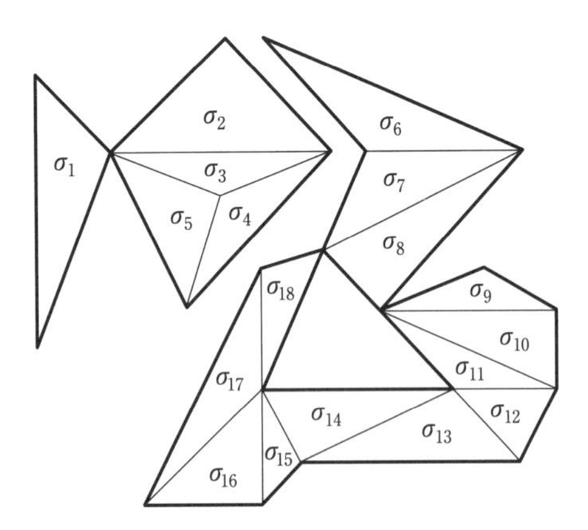


**（図 1−11） 非連結な三角形の貼り合わせ**

$$\mathscr{E}_q \cap \mathscr{E}_1 \neq \emptyset$$

**となる。**

・**境界辺** $\mathscr{E}, \mathscr{E}', \mathscr{E}''$ **が異なるならば**

$$\mathscr{E} \cap \mathscr{E}' \cap \mathscr{E}'' = \emptyset$$

**となる。**

特に、凸多角形の三角形分割は、単連結な三角形の貼り合わせとなる。

単連結な三角形の貼り合わせとは、境界辺がぐるっと輪になっているような三角形の貼り合わせである。

たとえば、（図 1−9）の三角形の貼り合わせは単連結であるが、（図 1−10）と（図 1−11）は単連結ではない。

なお、（図 1−11）で

$$\Gamma' = \{\sigma_1, \sigma_2, \sigma_3, \sigma_4, \sigma_5\},\ \Gamma'' = \{\sigma_6, \sigma_7, \cdots, \sigma_{18}\}$$

とすると、三角形の貼り合わせ $\Gamma'$ と $\Gamma''$ も単連結ではない。

### c)　頂点と辺と面の数え上げ

単連結な三角形の貼り合わせ $\Gamma$ の頂点の個数を

$$v = v(\Gamma)$$

とし、辺の個数を

$$e = e(\Gamma)$$

とする。さらに、$\Gamma$ に属する三角形の個数を

$$f = f(\Gamma)$$

とする。

たとえば、（図 1-9）の単連結な三角形の貼り合わせならば、$v = 15,\ e = 30,\ f = 16$ である。すると、

$$v - e + f = 1$$

である。実際、等式 $v - e + f = 1$ は、一般の単連結な三角形の貼り合わせで成立する。

以下の補題（1.2）は、オイラーの多面体公式を証明するときの準備となる。

**(1.2) 補題　単連結な三角形の貼り合わせ $\Gamma$ の頂点、辺、面の個数を、それぞれ、$v, e, f$ とする。すると、等式**

$$v - e + f = 1$$

**が成立する。**

［証明］　単連結な三角形の貼り合わせ $\Gamma$ に属する三角形の個数に関する数学的帰納法を使う。まず、$\Gamma$ が唯一の三角形から成るとき、$v=3, e=3, f=1$ だから、$v-e+f=1$ が成立する。

以下、単連結な三角形の貼り合わせ $\Gamma$ に属する三角形の個数が 2 個以上とし、$\Gamma$ に属する三角形のうち、境界辺を含むものを次の 3 通りに分類し、数学的帰納法を遂行する。

(a) 三角形 $\sigma \in \Gamma$ は、境界辺を 1 本だけ含み、境界辺の両端の頂点とは異なる頂点 A は境界辺には属さないとする。たとえば、（図 1–12）の $\sigma$ など。すると、三角形の貼り合わせ $\Gamma' = \Gamma \setminus \{\sigma\}$ は単連結となる。ゆえに、$\Gamma'$ の $v' = v(\Gamma'), e' = e(\Gamma'), f' = f(\Gamma')$ は、数学的帰納法の仮定から、$v' - e' + f' = 1$ となる。ところが、

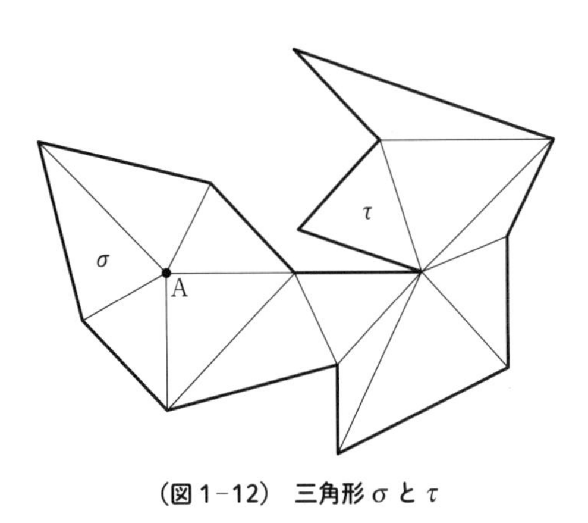


**（図 1–12）　三角形 $\sigma$ と $\tau$**

$$f = f' + 1,\ e = e' + 1,\ v = v'$$

だから、$v - e + f = 1$ が従う。

(b) 三角形 $\tau \in \Gamma$ は、境界辺を 2 本含むとする。たとえば、(図 1–12) の $\tau$ など。すると、三角形の貼り合わせ $\Gamma' = \Gamma \setminus \{\tau\}$ は単連結となる。ゆえに、$\Gamma'$ の $v' = v(\Gamma'), e' = e(\Gamma'), f' = f(\Gamma')$ は、数学的帰納法の仮定から、$v' - e' + f' = 1$ となる。ところが、

$$f = f' + 1,\ e = e' + 2,\ v = v' + 1$$

だから、$v - e + f = 1$ が従う。

(c) 三角形 $\rho \in \Gamma$ は、境界辺を 1 本だけ含み、境界辺の両端の頂点とは異なる頂点は境界辺に属するとする。たとえば、(図 1–13) の $\rho$ など。すると、$\Gamma \setminus \{\rho\}$ は三角形の貼り合わせとはならず、二つの単連結な三角形の貼

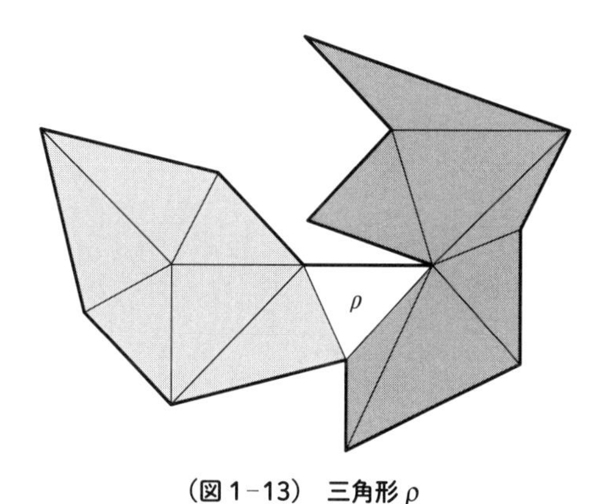


(図 1–13)　三角形 $\rho$

り合わせ $\Gamma'$ と $\Gamma''$ に分離する*。数学的帰納法の仮定から、$v' = v(\Gamma'), e' = e(\Gamma'), f' = f(\Gamma')$ は、$v' - e' + f' = 1$ を満たし、$v'' = v(\Gamma''), e'' = e(\Gamma''), f'' = f(\Gamma'')$ は $v'' - e'' + f'' = 1$ を満たす。ところが、

$$f = f' + f'' + 1,\ e = e' + e'' + 1,\ v = v' + v'' - 1$$

だから、$v - e + f = 1$ が従う。

以上の結果、補題（1.2）の証明が完結する。■

### d） 多角形

三角形の貼り合わせ $\Gamma$ は、あくまでも、三角形の有限集合と定義されるが、$\Gamma$ が単連結のとき、平面上の図形

$$\bigcup_{\sigma \in \Gamma} \sigma \tag{3}$$

を $\Gamma$ から作られる**多角形**と呼ぶ。

すると、定理（1.1）から、凸多角形は多角形である。

単連結な三角形の貼り合わせ $\Gamma$ の境界辺の集合を $\partial(\Gamma)$ と表すとき、

$$\bigcup_{\mathscr{E} \in \partial(\Gamma)} \mathscr{E}$$

を多角形 (3) の**境界**と、さらに、

$$\left( \bigcup_{\sigma \in \Gamma} \sigma \right) \setminus \left( \bigcup_{\mathscr{E} \in \partial(\Gamma)} \mathscr{E} \right)$$

---

* （図 1-13）において、$\Gamma'$ は薄い網掛けの三角形の貼り合わせ、$\Gamma''$ は濃い網掛けの三角形の貼り合わせである。

を多角形 (3) の**内部**と、それぞれ、呼ぶ。

単連結な三角形の貼り合わせ $\Gamma$ の頂点の集合を

$$V = V(\Gamma)$$

とする。多角形 (3) の境界に属する $\mathbf{x} \in V$ の個数を

$$b = b(\Gamma)$$

とし、内部に属する $\mathbf{x} \in V$ の個数を

$$c = c(\Gamma)$$

とする。

たとえば、単連結な三角形の貼り合わせ（図 1−14）ならば、$b = 22, c = 7$ である。

以下の補題（1.3）は、ピックの公式を証明するときの準備となる。

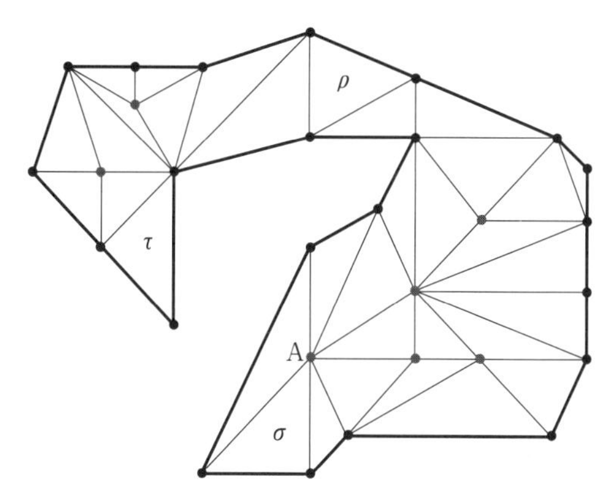


**（図 1−14）　単連結な三角形の貼り合わせ**

**(1.3) 補題　単連結な三角形の貼り合わせ $\Gamma$ に属する三角形の個数を**

$$f = f(\Gamma)$$

**とするとき、等式**

$$f = b + 2c - 2$$

**が成立する。**

［証明］　補題（1.2）の証明を模倣する。（図 1–14）を眺めながら証明する。

（a）三角形の貼り合わせ $\Gamma' = \Gamma \setminus \{\sigma\}$ は単連結となるから、$\Gamma'$ の $b' = b(\Gamma'), c' = c(\Gamma'), f' = |\Gamma'|$ は、数学的帰納法の仮定から、$f' = b' + 2c' - 2$ となる。頂点 $A$ は $\Gamma$ だと内部に属するが、$\Gamma'$ だと境界に属する。すると、

$$f = f' + 1,\ b = b' - 1,\ c = c' + 1$$

だから、$f = b + 2c - 2$ が従う。

（b）三角形の貼り合わせ $\Gamma' = \Gamma \setminus \{\tau\}$ は単連結となるから、$\Gamma'$ の $b' = b(\Gamma'), c' = c(\Gamma'), f' = |\Gamma'|$ は、数学的帰納法の仮定から、$f' = b' + 2c' - 2$ となる。すると、

$$f = f' + 1,\ b = b' + 1,\ c = c'$$

だから、$f = b + 2c - 2$ が従う。

（c）三角形の有限集合 $\Gamma \setminus \{\rho\}$ を、二つの単連結な三角形の貼り合わせ $\Gamma'$ と $\Gamma''$ に分離すると、

$$b' = b(\Gamma'),\ c' = c(\Gamma'),\ f' = |\Gamma'|$$
$$b'' = b(\Gamma''),\ c'' = c(\Gamma''),\ f'' = |\Gamma''|$$

は、数学的帰納法の仮定から、

$$f' = b' + 2c' - 2,\ f'' = b'' + 2c'' - 2$$

を満たす。すると、

$$f = f' + f'' + 1,\ b = b' + b'' - 1,\ c = c' + c''$$

だから、$f = b + 2c - 2$ が従う。

以上の結果、補題（1.3）の証明が完結する。■

第2章

# オイラーの多面体定理

## 2.1 $v-e+f=2$

大学入試の数学は、1976年から、新課程となり、「複素数」がその姿を消し、その代替が「行列」であった。ちょうどその頃、「数学教育の現代化」を謳い文句とし、中学数学の教科書も、オイラーの多面体定理、一筆書き、剰余環の演算などで賑わっていた。我が国の数学教育の全盛時代ともいえるだろう。その後、「ゆとり教育」に移りゆくのである。一筆書き、剰余環の演算などは、もう消えたが、オイラーの多面体定理は、高校数学Aの教科書にも載っている。

なお、数学Aは正多面体を扱うことを主眼とし、正多面体の体積、内接球の体積、外接球の体積、正六面体の角の切り落としから作られる凸多面体などが議論されている。けれども、オイラーの多面体定理の証明からは逃げている。もっとも、正多面体が5種類に限ることの「理由」(「証明」ではない？)は紹介されている。

オイラーの多面体定理は、1752年、レオンハルト・オイラー（Leonhard Euler）が発見した。その証明は、補題（1.2）

を認めれば、簡単である。

**（2.1）定理（オイラーの多面体定理）　凸多面体 $\mathscr{P}$ の面の個数を $f$、辺の個数を $e$、頂点の個数を $v$ とすると、等式**

$$v - e + f = 2$$

**が成立する。**

［証明］　凸多面体 $\mathscr{P}$ があったとき、その任意の面 $\mathscr{F}$ を選んで $\mathscr{P}$ から面 $\mathscr{F}$ を除去し、凸多面体 $\mathscr{P}$ に穴をあける。ただし、凸多面体 $\mathscr{P}$ の辺と頂点はそのままに残す。次に、凸多面体 $\mathscr{P}$ の内部は空洞で、境界が弾性ゴムで作られていると仮定し、その穴の部分から $\mathscr{P}$ の境界を平面に広げる。

たとえば、（図 2−1）は三角柱を、（図 2−2）は立方体を、（図 2−3）は八面体を平面に広げたものである。

その平面において、凸多面体 $\mathscr{P}$ の（$\mathscr{F}$ を除く）面の全体の集合 $\Gamma$ を考えよう。いま、$\Gamma$ に属する凸多角形 $\sigma$ が三角形でなければ、対角線を 1 本引き、$\sigma$ を $\sigma'$ と $\sigma''$ に分割し、

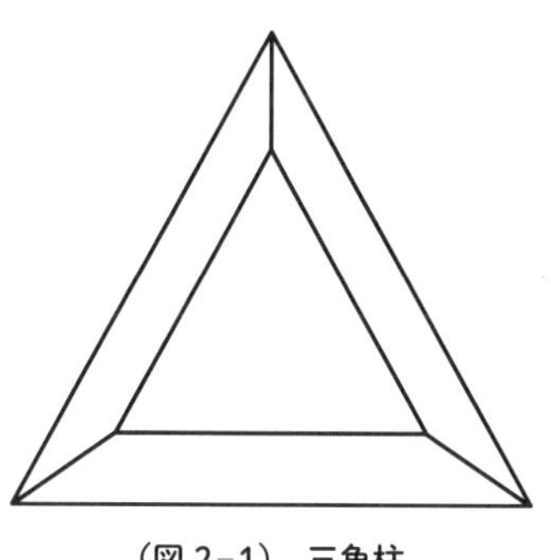

**（図 2−1）　三角柱**

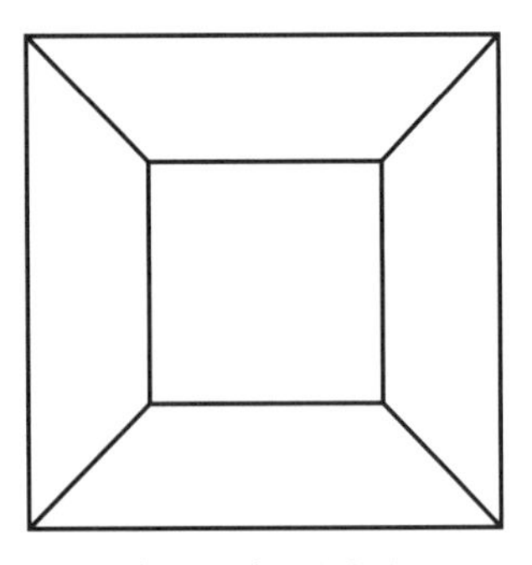

（図 2−2） 立方体

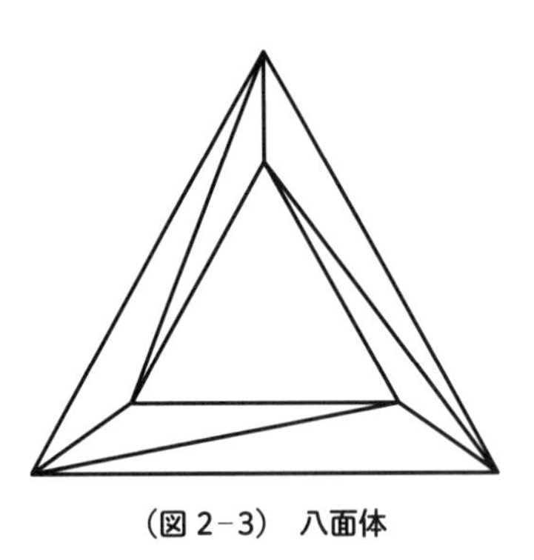

（図 2−3） 八面体

$$\Gamma' = (\Gamma \setminus \{\sigma\}) \cup \{\sigma', \sigma''\}$$

とする。その操作を繰り返すと、三角形の貼り合わせ $\Gamma^*$ に到達する。操作を繰り返した回数、すなわち、引いた対角線の本数を $N$ とする。すると、三角形の貼り合わせ $\Gamma^*$ の面の個数 $f'$、辺の個数 $e'$、頂点の個数 $v'$ は

$$f' = (f-1) + N,\ e' = e + N,\ v' = v$$

となる。

このとき、補題（1.2）から

$$v' - e' + f' = 1$$

が成立する。したがって、等式 $v - e + f = 2$ を得る。■

定理（2.1）の証明の「凸多面体 $\mathscr{P}$ の内部は空洞で、境界が弾性ゴムで作られていると仮定し、……」の部分は、『幾何学の歴史』の該当部分だと、「この多面体はゴムでできていると考えて、……」となっている。

凸多面体の内部は空洞で、境界が弾性ゴムで作られていると仮定すると、その凸多面体をぷぅう～とふくらませると、球面とみなすことができる。すると、球面を弾性ゴムで作られている（平坦ではなくふくらみのある）凸多角形で綺麗に貼り合わせていると考えることができる。

たとえば、サッカーボールは正五角形と正六角形を面とする凸多面体と思えるが、それらの正五角形と正六角形がちょっとふくらんでいると、サッカーボールは球面になるから、その顕著な例になる。

さらに、サッカーボールの正五角形と正六角形を対角線で三角形に分割すると、球面を（平坦ではなくふくらみのある）三角形で綺麗に貼り合わせていることになる。すなわち、**球面の三角形分割**が作れる。

すると、凸多面体から球面の三角形分割を作ると、その頂点の個数 $v$、辺の個数 $e$、三角形の個数 $f$ は、オイラーの多面体定理の $v - e + f = 2$ を満たす。

（図 2-4） サッカーボール

ドーナツの表面のような穴の空いている図形だとどうなるだろうか。ドーナツに三角形を描き、三角形分割を作ろう。たとえば、

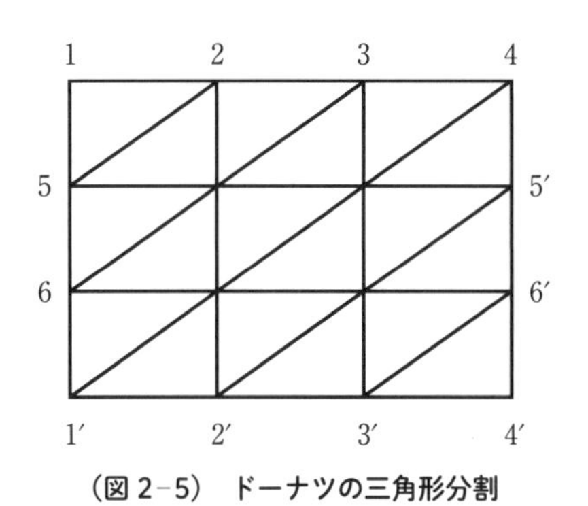


（図 2-5） ドーナツの三角形分割

の頂点の $1, 2, 3, 4$ のそれぞれを $1', 2', 3', 4'$ にくっつけると空洞の円柱ができる。その円柱をドーナツにするため、$1(=1')$ と $4(=4')$ を、$5$ と $5'$ を、$6$ と $6'$ を、それぞれくっ

つける。すると、ドーナツの立派な三角形分割が作れる。その三角形分割の頂点の個数は $v=9$、辺の個数は $e=27$、三角形の個数は $f=18$ であるから

$$v-e+f=0$$

となる。であるから、球面とドーナツでは状況が異なる。もっとも、これ以上の深入りは本著の守備範囲を越える。

## 2.2 正多面体

続いて、オイラーの公式を使って、正多面体が正四面体、正六面体、正八面体、正十二面体、正二十面体に限る、という有名な結果を証明しよう。

**定義　凸多面体 $\mathscr{P}$ の任意の面が合同な正多角形であって、しかも、それぞれの頂点に集まる辺の個数が等しいとき、凸多面体 $\mathscr{P}$ を正多面体と呼ぶ。正多面体の面の個数が $f$ であるとき、正 $f$ 面体という。**

**(2.2) 系　正多面体は、正四面体、正六面体、正八面体、正十二面体と正二十面体に限る。**

[証明]　正 $f$ 面体 $\mathscr{P}$ の面を正 $n$ 角形、それぞれの頂点に集まる辺の個数を $m$ 個とする。それぞれの面に辺は $n$ 本あり、一つの辺は二つの面に含まれるから、$\mathscr{P}$ の辺の個数 $e$ は $\frac{nf}{2}$ である。他方、それぞれの頂点に $m$ 本の辺が集まり、一つの辺は二つの頂点に集まるから、頂点の個数が $v$ ならば、辺の個数は $\frac{mv}{2}$ である。すなわち、

$$\frac{nf}{2}=\frac{mv}{2}=e$$

である。すると、

$$v=\frac{nf}{m},\quad e=\frac{nf}{2}$$

であるから、これらをオイラーの公式 $v-e+f=2$ に代入すると、

$$\frac{nf}{m}-\frac{nf}{2}+f=2 \tag{4}$$

となる。

すると、等式 (4) を満たす整数の組 $(n,m,f)$ をすべて探せばよい。ただし、$n\geq 3, m\geq 3, f\geq 4$ である。こうなれば、受験数学の整数問題である。

等式 (4) を

$$f\left(\frac{n}{m}-\frac{n}{2}+1\right)=2$$

$$\frac{f(2n-mn+2m)}{2m}=2$$

$$f(4-(n-2)(m-2))=4m$$

と変形する。いま、$f$ と $4m$ は両者とも正であるから、

$$4-(n-2)(m-2)>0$$

となる。すると、

$$(n-2)(m-2)<4$$

である。ここで、$n\geq 3, m\geq 3$ から、

$$n-2>0, m-2>0$$

である。したがって、正の整数の組 $(n-2, m-2)$ は

$$(1,1), (1,2), (2,1), (1,3), (3,1)$$

である。すると、整数の組 $(n, m)$ は

$$(3,3), (3,4), (4,3), (3,5), (5,3)$$

となる。これより、整数の組 $(n, m, f)$ は

$$(3,3,4), (3,4,8), (4,3,6), (3,5,20), (5,3,12)$$

となる。

以上の結果、正多面体は、正四面体、正六面体、正八面体、正十二面体と正二十面体に限る。■

系（2.2）の証明は、受験数学の整数問題としては、きわめて面白い。実際、大阪大学の 2010 年の数学（前期、理系）の第 3 問は

> $\ell, m, n$ を 3 以上の整数とする。等式
> $$\left(\frac{n}{m} - \frac{n}{2} + 1\right)\ell = 2$$
> を満たす $\ell, m, n$ の組をすべて求めよ。

というものであった。

もちろん、系（2.2）は、もっと幾何らしく証明することもできる。それぞれの頂点には、少なくとも、3 枚の正 $n$ 角形が集まる。とすると、その正 $n$ 角形の一つの内角は $\frac{2\pi}{3}$ よりも小さい。すなわち

$$\frac{\pi(n-2)}{n} < \frac{2\pi}{3}$$

となるから、$n < 6$ である。すると、正多面体の一つの面は、正三角形、正方形、正五角形のいずれかである。

- 正多面体の面が正三角形とする。このとき、一つの頂点には、3 枚、4 枚、5 枚の正三角形が集まることができる。すると、

  $$(n,m) = (3,3),(3,4),(3,5)$$

  となる。
- 正多面体の面が正方形とする。このとき、一つの頂点には、3 枚の正方形が集まることができる。すると、

  $$(n,m) = (4,3)$$

  となる。
- 正多面体の面が正五角形とする。このとき、一つの頂点には、3 枚の正五角形が集まることができる。すると、

  $$(n,m) = (5,3)$$

  となる。

幾何らしく証明すると、$(n,m)$ の候補を簡単に探すことができるから、後は、等式 (4) から $f$ を計算し、$v = \frac{nf}{m}$ と $e = \frac{nf}{2}$ から $v$ と $e$ を計算する。

| | $n$ | $m$ | $v$ | $e$ | $f$ |
|---|---|---|---|---|---|
| 正四面体 | 3 | 3 | 4 | 6 | 4 |
| 正八面体 | 3 | 4 | 6 | 12 | 8 |
| 正二十面体 | 3 | 5 | 12 | 30 | 20 |
| 正六面体 | 4 | 3 | 8 | 12 | 6 |
| 正十二面体 | 5 | 3 | 20 | 30 | 12 |

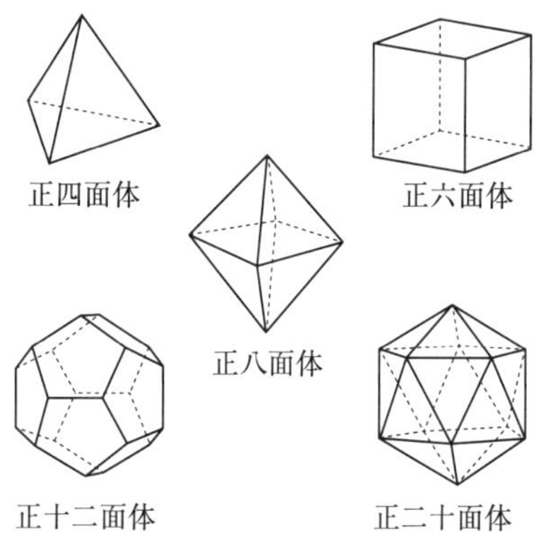


**（図 2-6）　正多面体**

# 第3章

# ピックの公式

## 3.1 格子三角形

$xy$ 平面

$$\mathbb{R}^2 = \{ (x,y) : x, y \in \mathbb{R} \}$$

の点 $(a,b)$ は、その $x$ 座標 $a$ と $y$ 座標 $b$ の両者が整数であるとき、**格子点**と呼ばれる。格子点は、数学の諸分野にその端麗な姿を現す。

$xy$ 平面の凸多角形 $\mathscr{P}$ の任意の頂点が格子点のとき、その多角形を**格子凸多角形**と呼ぶ。

特に、格子三角形とは、その 3 個の頂点が格子点である三角形のことである。格子三角形が頂点以外の格子点を含まないとき、**空の三角形**と呼ぶ。

なお、空の三角形は、英語の empty triangle の訳であるが、奇妙な雰囲気が漂う。空虚三角形と呼ぶのも一案であるが、虚しい三角形ではなく、格子点の研究の主役となる概念である。昔は、basic triangle とか、あるいは、fundamental triangle とか呼ばれていたが、どちらも紛らわしいだろう。

格子三角形の面積は $\frac{1}{2}$ の整数倍である。実際、一般の

三角形の 3 個の頂点を $(0,0), (a,b), (c,d)$ とすると、その面積は

$$\frac{1}{2}|ad-bc|$$

である。

随分と昔の話であるが、$xy$ 平面の格子三角形で正三角形となるものは存在しないことを証明する問題が、名古屋大学と大阪大学の入試問題で出題された。平行移動で一つの頂点を原点に移動させることは誰でもする。その際、残り 2 個の頂点のうちの一つは $x$ 軸上に移動できるとする誤答がかなりあったと聞いている。平行移動では、直線の傾きは不変であるから、一般に、そのようなことはできない。

正三角形となる格子三角形が $xy$ 平面の上に存在しないことは、格子正三角形の一辺の長さを $a$ とすると、$a^2$ が整数となることから、その面積 $\frac{\sqrt{3}}{4}a^2$ は無理数になるが、そのことは格子三角形の面積は $\frac{1}{2}$ の整数倍であるという事実に矛盾するからである。

もっとも、名古屋大学の入試問題も大阪大学の入試問題も、行列の回転（あるいは、複素数の回転）を使うことを意図して出題されたのであろうと邪推する。高校数学だと、行列と複素数は、どちらか一方、かつ一方のみが扱われているから、どちらでも解答できるその問題は重宝である。

さて、（図 3−1）の空の三角形の面積は、いずれも $\frac{1}{2}$ である。実際、どんな空の三角形も、その面積は $\frac{1}{2}$ である。

**（3.1）補題　空の三角形の面積は $\frac{1}{2}$ である。**

［証明］　空の三角形の頂点の一つを原点 O に平行移動し、そ

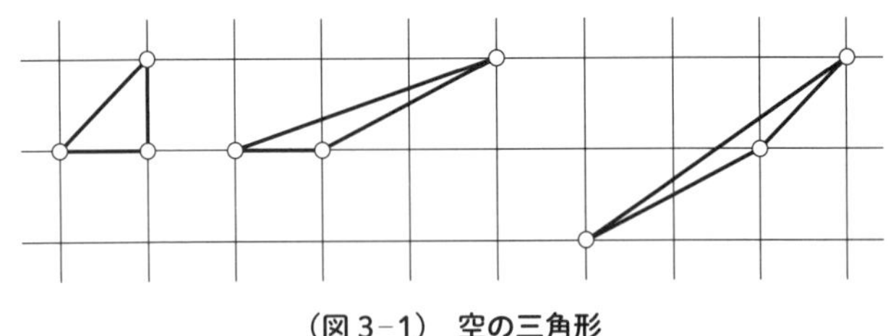

（図 3-1） 空の三角形

の頂点を $O(0,0), A(a,b), B(c,d)$ とする。いま、

$$\overrightarrow{OC} = \overrightarrow{OA} + \overrightarrow{OB}$$

となる格子点 $C(a+c,b+d)$ を考え、平行四辺形 OACB を作る。

すると、△OAB が空の三角形であることから、平行四辺形 OACB は、頂点以外の格子点を含まない。それを示すには、△ACB が空の三角形であることをいえばよいが、△ACB を平行移動し、点 C が原点に重なるようにし、さらに、原点に関する対称移動をすると △OAB に重なるから、すなわち、△ACB は空の三角形である。

任意の整数 $p$ と $q$ について、頂点を

$$p(a,b)+q(c,d),\ \ p(a,b)+q(c,d)+(a,b),$$
$$p(a,b)+q(c,d)+(c,d),\ \ p(a,b)+q(c,d)+(a+c,b+d)$$

とする格子平行四辺形 $L_{(p,q)}$ を作る*。

すると、格子平行四辺形 $L_{(p,q)}$ は、$p$ と $q$ が整数の全体を

＊ 特に、平行四辺形 OACB は $L_{(0,0)}$ である。

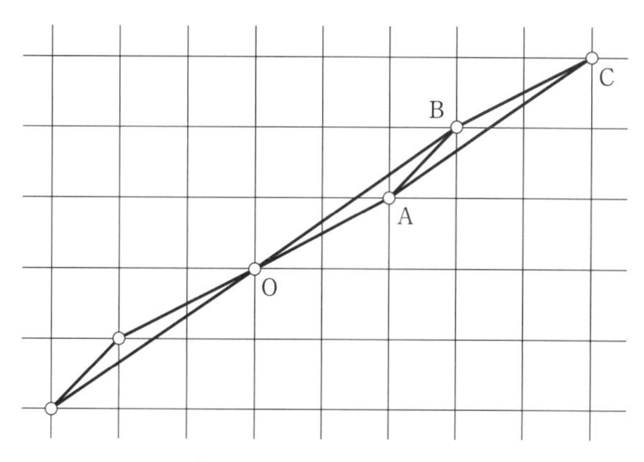


（図 3−2）　空の平行四辺形

動くとき、$xy$ 平面の全体を覆う*。

格子平行四辺形 $L_{(p,q)}$ は、格子平行四辺形 OACB を平行移動したものである。すると、$L_{(p,q)}$ は頂点以外の格子点を含まない。したがって、$xy$ 平面の任意の格子点は、いずれかの格子平行四辺形 $L_{(p,q)}$ の頂点である。

特に、$(1,0)$ を含む格子平行四辺形 $L_{(s,t)}$ と $(0,1)$ を含む格子平行四辺形 $L_{(v,w)}$ が存在する。すると

$$m(a,b)+n(c,d)=(1,0),\ \ m'(a,b)+n'(c,d)=(0,1) \quad (5)$$

---

* 斜交座標系の概念である。（図 3−3）では、平行四辺形 OACB の縮尺を変更している。斜交座標系だと、A$(1,0)$, B$(0,1)$, C$(1,1)$ となる。たとえば、（図 3−3）の、もっとも右、もっとも上の平行四辺形は $L_{(2,1)}$ である。もっとも左、もっとも下の平行四辺形は $L_{(-2,-1)}$ である。もっとも左、もっとも上の平行四辺形は $L_{(-2,1)}$ である。

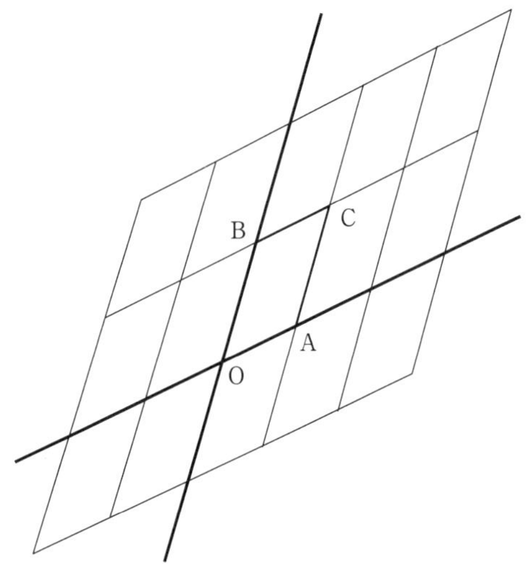


（図 3-3） 斜交座標系

を満たす整数 $m, n, m', n'$ が存在する。行列の表示をする*と

$$\begin{pmatrix} m & n \\ m' & n' \end{pmatrix}\begin{pmatrix} a & b \\ c & d \end{pmatrix} = \begin{pmatrix} 1 & 0 \\ 0 & 1 \end{pmatrix}$$

である。両辺の行列式を考えると

$$\begin{vmatrix} m & n \\ m' & n' \end{vmatrix}\begin{vmatrix} a & b \\ c & d \end{vmatrix} = \begin{vmatrix} 1 & 0 \\ 0 & 1 \end{vmatrix}$$

---

＊ 行列と行列式に馴染みの薄い読者は、等式 (5) から、数学Ⅰの単なる式の計算により、$(mn' - m'n)(ad - bc) = 1$ を導けばよい。しかし、式の計算ができたとしても、何をやっている（やらされている）のかはわからない状態である。そもそも、$|ad - bc|$ が行列式であることの知識がなければスッキリと理解するのは難しい。

となるから

$$(mn' - m'n)(ad - bc) = 1$$

である。

ところが、$mn' - m'n$ と $ad - bc$ は整数であるから、その積が 1 であることから、$ad - bc = \pm 1$ である。すると、$\triangle$OAB の面積は $\frac{1}{2}|ad - bc| = \frac{1}{2}$ である。■

ところで、（図 3−1）の空の三角形は鈍角三角形であるか、あるいは、直角三角形である。すると、鋭角三角形となる空の三角形は存在するか？　という自然な疑問が湧く。

**（3.2）補題　空の鋭角三角形は存在しない**[*1]。

［証明］　鋭角三角形 ABC の 3 個の角は

$$\angle \mathrm{ABC} \leq \angle \mathrm{BCA} \leq \angle \mathrm{CAB}$$

とし、$\angle \mathrm{CAB} = \theta$ と置く。三角形 ABC の面積は

$$\frac{1}{2} bc \sin\theta$$

である。ただし、$b = \mathrm{CA}$, $c = \mathrm{AB}$ である。まず、$\frac{\pi}{3} \leq \theta < \frac{\pi}{2}$ から $\frac{\sqrt{3}}{2} \leq \sin\theta < 1$ である。他方、$b$ と $c$ は $xy$ 平面における格子点と格子点の距離だから、その値は、

$$1, \sqrt{2}, 2, \sqrt{5}, \cdots$$

となる。特に、$\sqrt{2} \leq bc$ である[*2]。すると、

---

＊1　鋭角三角形である格子三角形の面積の最小値は $\frac{3}{2}$ である。

＊2　実際、$bc = 1$ ならば、$b = c = 1$ となる。すると、三角形 ABC は直角三角形である。

$$\frac{1}{2}bc\sin\theta \geq \frac{\sqrt{6}}{4} > \frac{1}{2}$$

となり、補題（3.1）に矛盾する。■

内積を使う別証も紹介する。

［証明］　鋭角三角形 OAB の頂点を

$$\mathrm{O} = (0,0), \mathrm{A} = (a,b), \mathrm{B} = (c,d)$$

とする。鋭角三角形であるから、ベクトルの内積

$$\overrightarrow{\mathrm{OA}} \cdot \overrightarrow{\mathrm{OB}},\ \overrightarrow{\mathrm{AO}} \cdot \overrightarrow{\mathrm{AB}},\ \overrightarrow{\mathrm{BO}} \cdot \overrightarrow{\mathrm{BA}}$$

は、いずれも、正である。すると

$$ac + bd > 0$$

$$(a^2 + b^2) - (ac + bd) > 0$$

$$(c^2 + d^2) - (ac + bd) > 0$$

となる。いま、$ac + bd = q$ とすると、整数条件から $q \geq 1$ である。しかも、

$$a^2 + b^2 \geq q + 1,\ \ c^2 + d^2 \geq q + 1$$

である。すると、

$$(ad - bc)^2 = (a^2 + b^2)(c^2 + d^2) - (ac + bd)^2$$
$$\geq (q+1)^2 - q^2 = 2q + 1 \geq 3$$

となる。したがって、三角形 OAB の面積は

$$\frac{1}{2}|ad - bc| \geq \frac{\sqrt{3}}{2} > \frac{1}{2}$$

となり、補題（3.1）に矛盾する。■

## 3.2 ピックの公式の証明

ピックの公式とは、格子凸多角形に含まれる格子点の個数を数えることから、その格子凸多角形の面積を計算する公式である。1899 年、ゲオルグ・アレクサンダー・ピック（Georg Alexander Pick）が披露した。

算数教育におけるピックの公式の面白さは、それが発見する楽しみを教えてくれる題材になることである。算数の図形の面積を学ぶとき、たとえば、次のような図形の面積を計算させ、何が言えるかを問う。生徒はどう答えるか。

結論は、境界の格子点の個数が 1 個増えると面積は $\frac{1}{2}$ 増え、内部の格子点の個数が 1 個増えると面積は 1 増える、ということである。

その結論から、格子多角形の面積 $A$ を境界に属する格子点

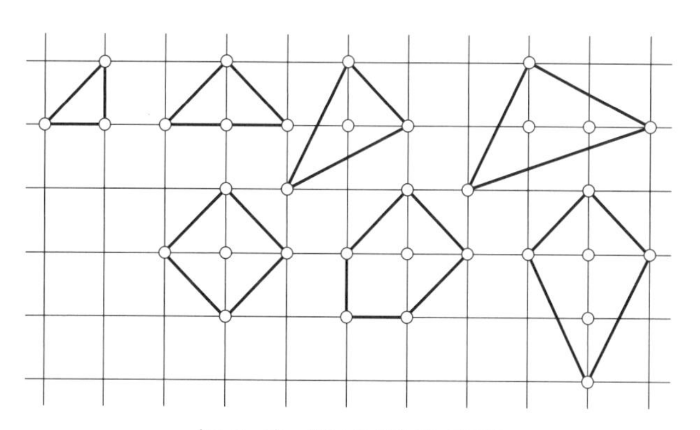

（図 3–4）　格子凸多角形の面積

の個数 $b$ と内部に属する格子点の個数 $c$ を使い、どのように表すことができるかを導かせよう。すると、$\frac{1}{2}b+c$ と面積を比較し、$A=\frac{1}{2}b+c-1$ に到達する。

ちょっと道草をしたけれども、ピックの公式を証明する準備をする。

$xy$ 平面の単連結な三角形の貼り合わせ

$$\Gamma=\{\sigma_1,\sigma_2,\cdots,\sigma_f\}$$

から作られる多角形

$$\sigma_1\cup\sigma_2\cup\cdots\cup\sigma_f$$

が**格子多角形**であるとは、$\sigma_1,\cdots,\sigma_f$ のそれぞれが格子三角形であるときにいう。

すると、格子凸多角形は、特に、格子多角形である。実際、格子凸多角形 $\mathscr{P}$ に属する格子点の全体の集合を $V$ とすると、集合 $V$ は $\mathscr{P}$ の任意の頂点を含む。すると、定理（1.1）から、$\mathscr{P}$ の $V$ に関する三角形分割 $\Delta$ が存在する。三角形分割 $\Delta$ は単連結な三角形の貼り合わせである。しかも、$\Delta$ に属する任意の三角形は格子三角形（実際、空の三角形）である。三角形分割 $\Delta$ から作られる多角形が $\mathscr{P}$ であるから、$\mathscr{P}$ は格子多角形となる。

ピックの公式は、必ずしも凸とは限らない一般の格子多角形の面積を、その境界と内部に属する格子点の個数の数え上げから計算する公式である。その証明は、補題（1.3）および補題（3.1）から従う。

**(3.3) 定理（ピックの公式）** $xy$ **平面の格子多角形** $\mathscr{P}$ **の境界に属する格子点の個数を** $b(\mathscr{P})$ **とし、**$\mathscr{P}$ **の内部に含まれる格子点の個数を** $c(\mathscr{P})$ **とする。このとき、**$\mathscr{P}$ **の面積** $A(\mathscr{P})$ **は**

$$A(\mathscr{P}) = \frac{1}{2}b(\mathscr{P}) + c(\mathscr{P}) - 1$$

**と表される。**

［証明］　格子多角形 $\mathscr{P}$ は単連結な三角形の貼り合わせ

$$\Gamma = \{\sigma_1, \sigma_2, \cdots, \sigma_q\}$$

から作られる多角形とする。格子三角形 $\sigma_i$ が空の三角形でないときは、$\sigma_i$ に属する格子点の全体の集合に関する三角形分割

$$\Gamma_i = \{\sigma_i^{(1)}, \sigma_i^{(2)}, \cdots, \sigma_i^{(q_i)}\}$$

を考えると、それぞれの $\sigma_i^{(j)}$ は空の三角形となる。

すると、単連結な三角形の貼り合わせ

$$\Gamma^\sharp = \Gamma_1 \cup \Gamma_2 \cup \cdots \cup \Gamma_q$$

に属する三角形はいずれも空の三角形となり、しかも、$\Gamma^\sharp$ から作られる多角形は $\mathscr{P}$ と一致する*。

単連結な三角形の貼り合わせ $\Gamma^\sharp$ の頂点を $V(\Gamma^\sharp)$ とし、格子多角形 $\mathscr{P}$ の境界に属する $\mathbf{x} \in V(\Gamma^\sharp)$ の個数を $b(\Gamma^\sharp)$ とし、$\mathscr{P}$ の内部に属する $\mathbf{x} \in V(\Gamma^\sharp)$ の個数を $c(\Gamma^\sharp)$ とする。すると、

---

＊（図 3–5）だと、太線の 4 個の格子三角形が $\Gamma$ を構成している。太線の三角形のそれぞれを空の三角形に三角形分割すると、細線の三角形になる。ただし、$\sigma_i$ を空の三角形に三角形分割する方法は 1 通りとは限らない。細線の空の三角形の全体が $\Gamma^\sharp$ を構成している。

$V(\Gamma^\sharp)$ が $\mathscr{P}$ に属する格子点の全体の集合となることから、

$$b(\Gamma^\sharp) = b(\mathscr{P}), \ \ c(\Gamma^\sharp) = c(\mathscr{P})$$

が従う。

このとき、補題（1.3）から $\Gamma^\sharp$ に属する三角形の個数 $f(\Gamma^\sharp)$ は、等式

$$f(\Gamma^\sharp) = b(\mathscr{P}) + 2c(\mathscr{P}) - 2$$

を満たす。

単連結な三角形の貼り合わせ $\Gamma^\sharp$ に属する任意の三角形は空の三角形である。すると、$\Gamma^\sharp$ から作られる格子多角形 $\mathscr{P}$ の面積は、補題（3.1）から、$\frac{1}{2}f(\Gamma^\sharp)$ となる。すなわち、

$$A(\mathscr{P}) = \frac{1}{2}b(\mathscr{P}) + c(\mathscr{P}) - 1$$

となる。■

- （図 3–5）の格子多角形 $\mathscr{P}$ の境界と内部に属する格子点の個数は $b(\mathscr{P}) = 10, c(\mathscr{P}) = 8$ となるから、ピックの公式からその面積は $A(\mathscr{P}) = 12$ となる。算数の面積の練

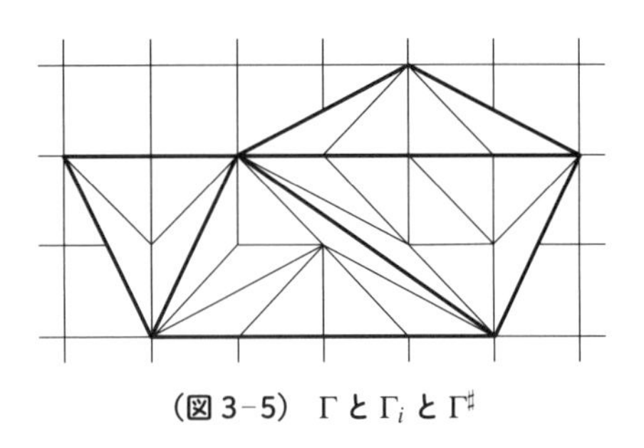

（図 3–5） $\Gamma$ と $\Gamma_i$ と $\Gamma^\sharp$

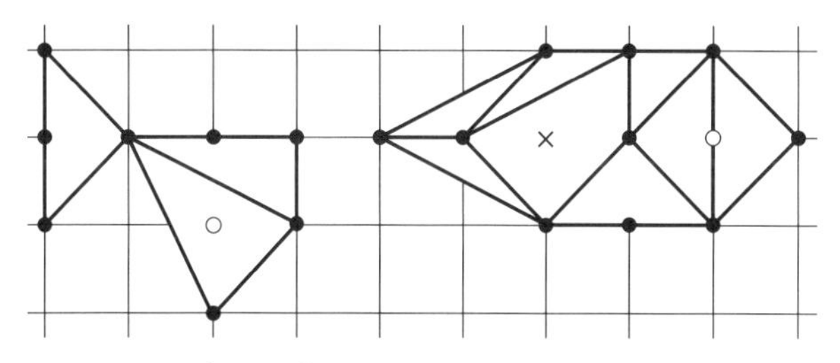

**（図 3−6）　格子図形とピックの公式**

習問題として解いても、面積は 12 となる。

- 第 1 章の定義に従うと、（図 3−6）の左側の三角形の貼り合わせ Γ も、右側の三角形の貼り合わせ Γ′ も、単連結ではない。ただし、Γ′ は×印の格子点を含む四角形は除く。

すると、Γ に属する三角形の和集合 $\mathscr{P}$ も Γ′ に属する三角形の和集合 $\mathscr{Q}$ も多角形とはならない。それらの格子図形 $\mathscr{P}$ と $\mathscr{Q}$ の面積は $\frac{7}{2}$ と 5 となる。ピックの公式の右辺を計算しよう。まず、$\mathscr{P}$ の境界と内部に属する格子点の個数は 8 個と 1 個であるから、ピックの公式の右辺は 4 である。すると、ピックの公式は成立しない。次に、$\mathscr{Q}$ の境界と内部に属する格子点の個数は 10 個と 1 個であるから、ピックの公式の右辺は 5 となる。すると、偶然ながら、$\mathscr{Q}$ の面積に一致する。

## 3.3　格子正多角形の決定問題

$xy$ 平面の格子正三角形が存在しないことは、既に、言及している。すると、格子正六角形も存在しない。実際、正六角形 ABCDEF があれば △ ACE は正三角形である。

一般に、格子正 $3n$ 角形は存在しない。もちろん、格子正方形は存在する。

• $xy$ 平面の上の格子正五角形は存在しない。

［証明］ 格子正五角形 ABCDE が存在すると仮定する。その正五角形の対角線の交点を（図 3−7）のように、A′, B′, C′, D′, E′ とする。すると、四角形 ABA′E は平行四辺形であるから、A′ は格子点となる*。同様に考えると、B′, C′, D′, E′ も格子点である。

対称性から、格子多角形 A′B′C′D′E′ は正五角形となる。

この操作を続行すると、どれだけでも面積の小さな領域に

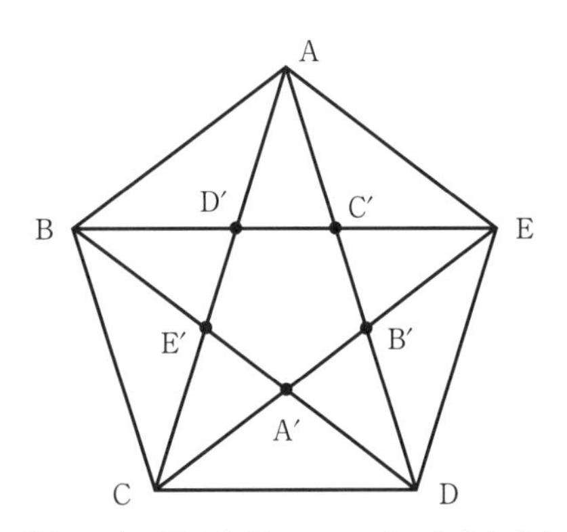


**（図 3−7） 正五角形** ABCDE **と** A′B′C′D′E′

* 一般に、平行四辺形の 3 個の頂点が格子点であれば、残りの頂点も格子点である。実際、$\mathbf{x}, \mathbf{y}, \mathbf{z}$ を平行四辺形の 3 個の頂点とし、残りの頂点 $\mathbf{w}$ が $\mathbf{x}$ と $\mathbf{z}$ に隣接するならば、平行四辺形の対角線が互いの中点で交わることから $\mathbf{w} = (\mathbf{x} + \mathbf{z}) - \mathbf{y}$ となる。

格子正五角形が存在することになる。格子正五角形は空の三角形を含むから、その面積が $\frac{1}{2}$ よりも小さくなることはできない。これは矛盾である。■

　もっと一般に、

**(3.4) 定理**　$xy$ **平面の格子正** $n$ **角形が存在するのは、**$n=4$ **に限る。**

［証明］　$xy$ 平面の格子正 $n$ 角形 $\mathscr{P}$ の頂点を

$$(a_1,b_1),(a_2,b_2),\cdots,(a_n,b_n)$$

とする。すると、$\mathscr{P}$ の $n$ 倍の相似拡大、すなわち

$$n(a_1,b_1),n(a_2,b_2),\cdots,n(a_n,b_n)$$

を頂点とする凸多角形 $\mathscr{Q}$ も格子正 $n$ 角形である。格子正 $n$ 角形 $\mathscr{Q}$ の中心（＝重心）は

$$\sum_{i=1}^{n}(a_i,b_i)$$

であるが、それは格子点である。すると、平行移動し、$\mathscr{Q}$ の中心は原点であると仮定してもよい。

　格子正 $n$ 角形 $\mathscr{Q}$ の外接円の半径を $r>0$ とすると、$\mathscr{Q}$ の面積は

$$\frac{nr^2}{2}\sin\frac{2\pi}{n}$$

となる。

　ピックの公式から、$\mathscr{Q}$ の面積は有理数である。他方、半径 $r$ は原点と $\mathscr{Q}$ の頂点との距離だから、特に、整数の平方根で

ある。すると、$r^2$ は整数である。それゆえ、$\mathscr{Q}$ の面積が有理数であることから $\sin\frac{2\pi}{n}$ も有理数である。

以下、$\sin\frac{2\pi}{n}$ が有理数となる整数 $n \geq 3$ を決定しよう。まず、準備であるが、$a$ と $\cos(a\pi)$ が有理数ならば

$$\cos(a\pi) \in \{0, \pm 1, \pm\frac{1}{2}\} \tag{6}$$

であることを、複素数のド・モアブルの定理（数学 III）から導く。倍角の公式から、$\cos(a\pi)$ が有理数ならば、$\cos(2^m a\pi)$ も有理数である。ただし、$m \geq 0$ は整数である。このとき、有理数の集合

$$\{\cos(2^m a\pi) : m = 0, 1, 2, \cdots\} \tag{7}$$

は有限集合であることを示そう。実際、$a = \frac{q}{p}$（ただし、$p > 0$ と $q$ は互いに素な整数）と置くと、複素数

$$\cos\frac{2^m q}{p}\pi + i\sin\frac{2^m q}{2p}\pi$$

は、方程式

$$Z^p = 1$$

の解である。その異なる解は $p$ 個、$\cos(2^m a\pi)$ はその解の実部であるから、特に、有理数の集合 (7) は有限集合である。その集合 (7) に属する有理数 $\frac{c}{b}$（ただし、$b > 0$ と $c$ は互いに素な整数）のうち、$b$ が最大のものを選び、$\cos(2^m a\pi) = \frac{c}{b}$ とする。倍角の公式から

$$\cos(2^{m+1} a\pi) = 2\left(\frac{c}{b}\right)^2 - 1 = \frac{2c^2 - b^2}{b^2}$$

となる。

- $b$ が奇数ならば、$\frac{2c^2-b^2}{b^2}$ は既約分数であるから、$b$ が最大の分母であることから、$b^2 \leq b$ となる。すなわち、$b=1$ である。
- $b$ が偶数ならば、$b>0$ と $c$ が互いに素な整数であることから、$2c^2-b^2$ と $b^2$ の最大公約数は 2 となる。すると、

$$\frac{2c^2-b^2}{b^2}=\frac{c^2-\frac{b^2}{2}}{\frac{b^2}{2}}$$

　の右辺は既約分数であるから、再び、$b$ が最大の分母であることから、$\frac{b^2}{2} \leq b$ となる。すなわち、$b=1,2$ である。

換言すると、集合 (7) に属する有理数を分母が正の既約分数で表すと、分母は 1 であるか、あるいは、2 である。特に、$m=1$ とすると、(6) が従う。さらに、

$$\sin(a\pi)=\cos(\frac{1}{2}-a)\pi$$

であるから、$a$ と $\sin(a\pi)$ が有理数ならば

$$\sin(a\pi)\in\{0,\pm 1,\pm\frac{1}{2}\}$$

である。

以上の結果、$\sin\frac{2\pi}{n}$ が有理数となる整数 $n\geq 3$ は、すなわち、$\sin\frac{2\pi}{n}=1,\frac{1}{2}$ となる $n\geq 3$ であるから、$n=4,12$ である。ところが、格子正 12 角形は存在しない。すると、$xy$ 平面の上の格子正 $n$ 角形が存在するのは $n=4$ のときに限る。

■

**Memo**

$xy$ 平面の格子多角形 $\mathscr{P}$ の境界に属する格子点の個数 $b(\mathscr{P})$ と内部に含まれる格子点の個数 $c(\mathscr{P})$ の関係はどうなっているだろうか。

まず、$\mathscr{P}$ が凸であるとは限らない一般の格子多角形ならば、任意の整数 $b \geq 3$ と任意の整数 $c \geq 0$ について、

$$b = b(\mathscr{P}), c = c(\mathscr{P})$$

となる格子多角形 $\mathscr{P}$ が存在する。

なお、(図 3–8) は、$b(\mathscr{P}) = 8, c(\mathscr{P}) = 4$ の格子多角形を示しているが、その格子多角形から、境界に属する格子点の個数を任意に増やすこと、及び、内部に属する格子点の個数を任意に増やすことが可能であることが理解できる。

ところが、格子多角形 $\mathscr{P}$ が凸とすると、状況は異なる。

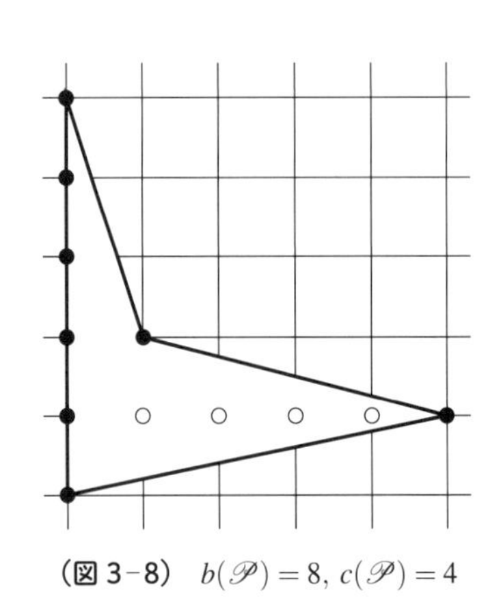

**(図 3–8)** $b(\mathscr{P}) = 8, c(\mathscr{P}) = 4$

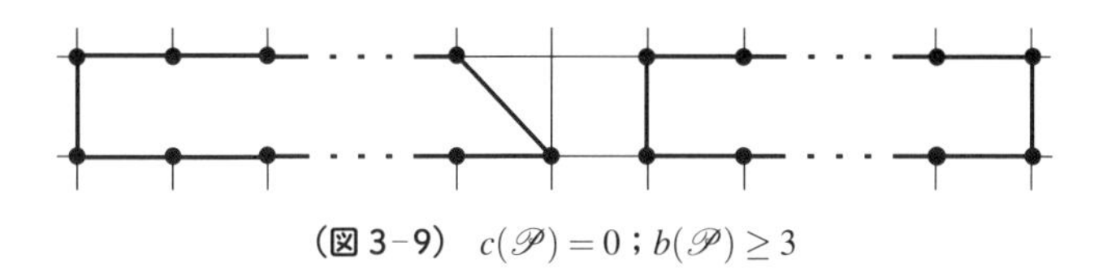

（図 3−9）　$c(\mathscr{P})=0$；$b(\mathscr{P})\geq 3$

- $c(\mathscr{P})=0$ ならば、任意の整数 $b\geq 3$ について、$b(\mathscr{P})=b$ となる格子凸多角形 $\mathscr{P}$ が存在する。

- $c(\mathscr{P})\geq 2$ とすると、

$$3\leq b\leq 2c(\mathscr{P})+6$$

  を満たす任意の整数 $b$ について、$b(\mathscr{P})=b$ となる格子凸多角形 $\mathscr{P}$ が存在する。

- $c(\mathscr{P})=1$ とすると、$3\leq b\leq 9$ を満たす任意の整数 $b$ について、$b(\mathscr{P})=b$ となる格子凸多角形 $\mathscr{P}$ が存在する。

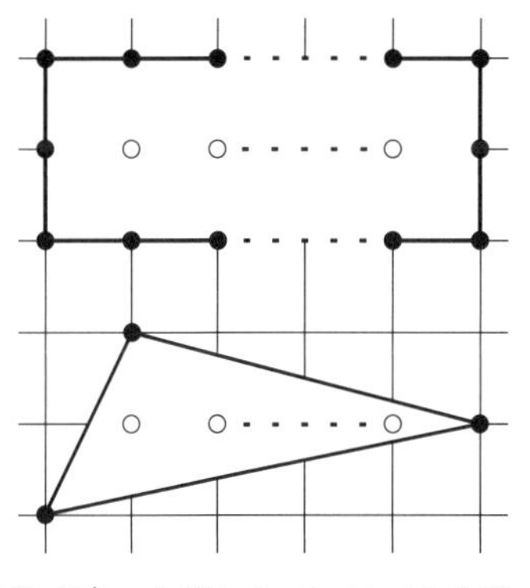

（図 3−10）　$c(\mathscr{P})\geq 2$；$3\leq b\leq 2c(\mathscr{P})+6$

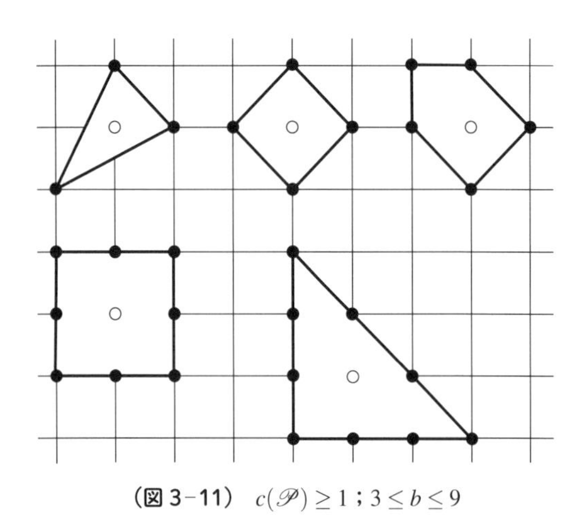

**(図 3-11)** $c(\mathscr{P}) \geq 1$；$3 \leq b \leq 9$

その逆も成立することは、1976 年、ポール・スコット（Paul R. Scott）が証明した*。すなわち

$$\{(b(\mathscr{P}), c(\mathscr{P})) : \mathscr{P} \text{ は } xy \text{ 平面の格子凸多角形}\}$$

を決定することに成功したのである。

**定理（スコット）　整数 $b$ と $c$ が与えられたとき、$xy$ 平面の格子凸多角形 $\mathscr{P}$ で $b = b(\mathscr{P})$, $c = c(\mathscr{P})$ となるものが存在するための必要十分条件は**

- $c = 0,\ \ b \geq 3$
- $c = 1,\ \ 3 \leq b \leq 9$

---

* P. R. Scott, On convex lattice polygons, *Bull. of the Austral. Math. Soc.* **15** (1976), 395–399.

・$c \geq 2,\ 3 \leq b \leq 2c+6$

**のいずれかが満たされることである。■**

スコットの論文は、わずか5ページの長さで、特に、難解な数学の理論を使うことはない。けれども、細かい箇所がかなり煩雑で、ちゃんと読むことは苦痛である。本著は、もともと、ピックの公式を紹介した後、スコットの定理を解説するつもりで原稿もほとんど執筆した。けれども、かなりわかりやすい証明に焼き直したと思っても、やはり読者が理解することは苦痛であるだろうとの判断から、原稿を破棄した。

ところで、そのスコットの論文を引用している論文がどのくらいあるかをアメリカ数学会のデータベースMathSciNetで検索すると、41編の研究論文がスコットの論文を引用している。驚くべきことに、その41編の研究論文はすべて2000年以降に出版されたものである。このことから何がわかるであろうか。格子点を巡る凸多面体論の研究が爆発的に活性化され、当該分野の研究者が著しく増えたのが、その頃であったといえるのであろう。出版されたときは、$xy$平面の格子凸多角形の簡単な論文と思われていたが、スコットの論文は、出版から四半世紀を経て、その先駆的な価値が認識されたのである。

第2部

# 凸多面体の数え上げ理論

凸多面体の数え上げ理論は、頂点、辺、面の数え上げと格子点の数え上げの流派がある。前者はオイラーの多面体定理から派生し、後者はピックの公式から派生している。現代の凸多面体論の研究も、大局的な視点から眺めると、その両者に分類される。第3部と第4部の歴史的背景を参照されたい。

第4章は、凸多面体の頂点、辺、面の数え上げ理論を展開する。凸多面体の古典論である。単体的凸多面体と、その典型的な類である、巡回凸多面体も導入する。単体的凸多面体は、凸多面体論の歴史を語るときの役者である。

第5章は、凸多面体の格子点の数え上げ函数、いわゆるエルハート多項式の入門である。ピックの公式の一般化は多岐にわたるが、もっとも著名な一般化がエルハート多項式である。その全貌を披露することは本著の守備範囲を越えるが、$xy$ 平面の格子多角形に限り、その理論を概説する。さらに、$xyz$ 空間の格子凸多面体のエルハート多項式と $xyz$ 空間のピックの公式を紹介する。凸多面体の四面体分割と有理多角形の数え上げ函数にも触れる。

# 第4章

# 頂点、辺、面の数え上げ

## 4.1 凸多面体の $f$ 列

凸多面体 $\mathscr{P}$ の頂点の個数を $v$、辺の個数を $e$、面の個数を $f$ とするとき、数列

$$f(\mathscr{P}) = (v, e, f)$$

を $\mathscr{P}$ の **$f$ 列**と呼ぶ。

たとえば、三角柱 $\mathscr{P}$ の $f$ 列は $f(\mathscr{P}) = (6, 9, 5)$ である。正六面体 $\mathscr{P}$ の $f$ 列は $f(\mathscr{P}) = (8, 12, 6)$ である。正八面体 $\mathscr{P}$ の $f$ 列は $f(\mathscr{P}) = (6, 12, 8)$ である。五角錐 $\mathscr{P}$ の $f$ 列は $f(\mathscr{P}) = (6, 10, 6)$ である。一般に、$n$ 角錐 $\mathscr{P}$ の $f$ 列は、

$$f(\mathscr{P}) = (n+1, 2n, n+1)$$

である。双 $n$ 角錐 $\mathscr{P}$ の $f$ 列は

$$f(\mathscr{P}) = (n+2, 3n, 2n)$$

である。さらに、$n$ 角柱 $\mathscr{P}$ の $f$ 列は

$$f(\mathscr{P}) = (2n, 3n, n+2)$$

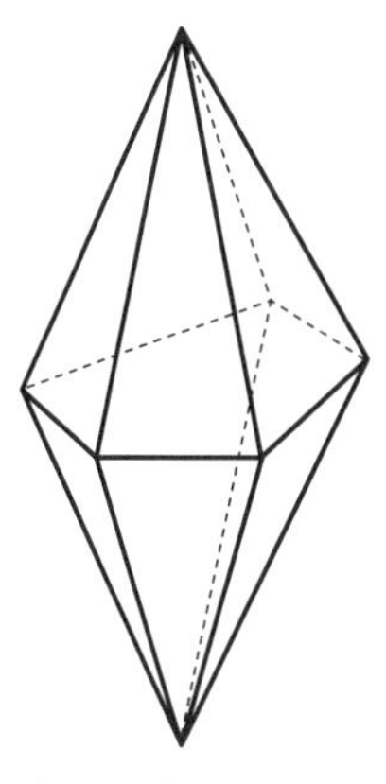

（図 4−1）　双五角錐

である。

整数 $v \geq 4, e \geq 6, f \geq 4$ が与えられたとき、$f(\mathscr{P}) = (v, e, f)$ となる凸多面体 $\mathscr{P}$ が存在するための $v, e, f$ が満たす必要十分条件を探す。いわゆるシュタイニッツの定理（1906 年）である。オイラーの多面体定理とともに、凸多面体論の古典論の一幕である。

**（4.1）定理**　**整数** $v \geq 4, e \geq 6, f \geq 4$ **が与えられたとき、**$f(\mathscr{P}) = (v, e, f)$ **となる凸多面体** $\mathscr{P} \subset \mathbb{R}^3$ **が存在するためには、条件**

- $v - e + f = 2$
- $v \leq 2f - 4$
- $f \leq 2v - 4$

**が満たされることが必要十分である。**

［証明］（**必要性**）　まず、$f$ 列が $f(\mathscr{P})=(v,e,f)$ となる凸多面体 $\mathscr{P}$ が存在すると仮定する。

それぞれの辺は 2 個の頂点を含み、それぞれの頂点は少なくとも 3 個の辺に含まれるから

$$2e \geq 3v$$

となる。さらに、それぞれの辺は 2 個の面に含まれ、それぞれの面は少なくとも 3 個の辺を含むことから

$$2e \geq 3f$$

となる。それらの不等式に $e=v+f-2$ を代入すると

$$v \leq 2f-4, \quad f \leq 2v-4$$

が従う。

（**十分性**）不等式

$$v \leq 2f-4, \ \ f \leq 2v-4$$

を満たす点 $(v,f)$ を $vf$ 平面に図示する。ただし、$v \geq 4$ と $f \geq 4$ は整数である。

その点の全体がどのように表示されるかを検討しよう。まず、点 $(v,v)$ を端点とする傾き 2 の半直線上の点の全体の集合を $L_v$ とし、点 $(v,v)$ を端点とする傾き $\frac{1}{2}$ の半直線上の点の全体の集合を $M_v$ とする。

すると、（図 4-2）の点の全体の集合は

$$\bigcup_{v=4}^{\infty}(L_v \cup M_v)$$

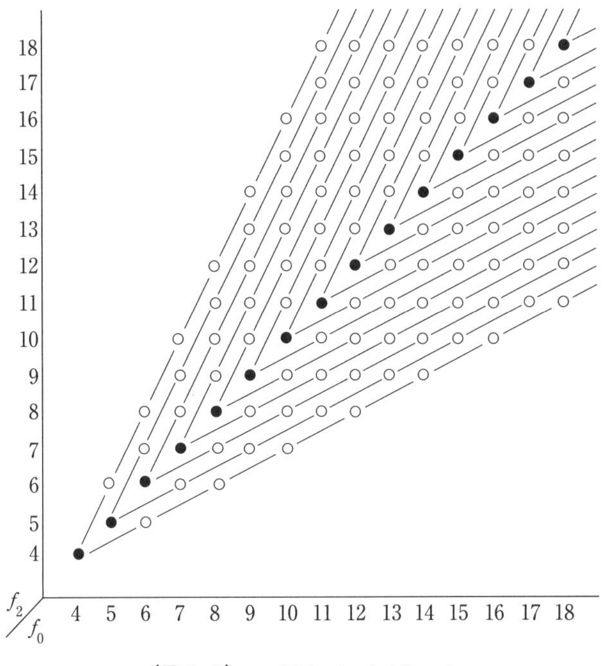


**（図 4−2）** $v \leq 2f-4,\ f \leq 2v-4$

となる。

いま、$v-1$ 個の頂点を持つ凸多角形を底面とする多角錐 $\mathscr{P}_v$ の $f$ 列は

$$f(\mathscr{P}_v) = (v, 2v-2, v)$$

である。

（第 1 段）多角錐 $\mathscr{P}_v$ の側面の三角形の一つを底面とする高さの低い三角錐を $\mathscr{P}_v$ に貼る。言うなれば、テントを作る

操作である。高さを低くし、うまくテントを作れば、凸多面体 $\mathscr{P}_v^{(1)}$ になる。

その操作をすると、頂点の個数は 1 個増え、面の個数は 2 個増える。すると、$f$ 列は

$$\mathscr{P}_v^{(1)} = (v+1, 2v+1, v+2)$$

となる。

次に、凸多面体 $\mathscr{P}_v^{(1)}$ の三角形の面の一つを選びテントを作る操作を繰り返し、凸多面体 $\mathscr{P}_v^{(2)}$ を作る。

その三角形の面は、もともとの多角錐の三角形の面から選ぶことも、あるいは、テントの側面の三角形の面から選ぶことも可能である。

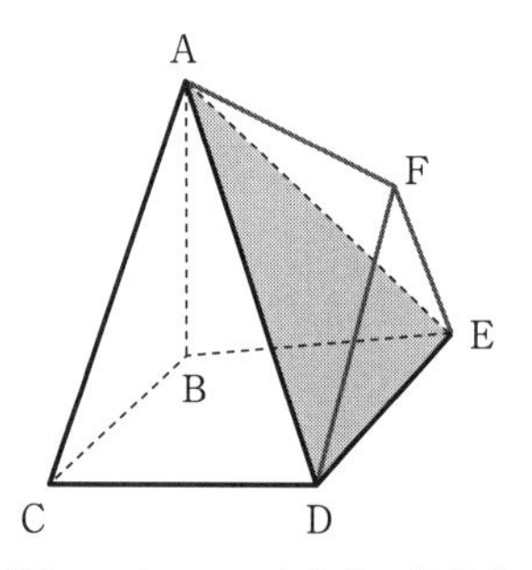


（図 4–3）　テントを作る操作*

---

* 多角錐 $\mathscr{P}_v$ の $v=5$ のときのテントを作る操作である。まず、$\mathscr{P}_5$ は四角錐になる。その四角錐 ABCDE の側面の三角形の一つを任意に選ぶ。たとえば、三角形 ADE を選ぶ。その三角形の重心から少しだけ離れところに、四角錐 ABCDE に属さない点 F を選び、三角錐 FADE を作る。すると、A,B,C,D,E,F を頂点とする凸多面体が作れる。その凸多面体が $\mathscr{P}_5^{(1)}$ である。

すると、$f$ 列は

$$\mathscr{P}_v^{(2)} = (v+2, 2v+4, v+4)$$

となる。

そのようなテントを作る操作を $N$ 回繰り返すと、

$$\mathscr{P}_v^{(N)} = (v+N, 2v+3N-2, v+2N)$$

となる。

すると、$\mathscr{P}_v^{(N)}$ は、$L_v$ 上の点の $x$ 座標を頂点の個数とし、$y$ 座標を面の個数とする凸多面体である。

（第 2 段）多角錐 $\mathscr{P}_v$ の底面の頂点を一つ選び、その頂点から少しだけ離れた箇所を切り落としても、凸多面体の状態が保てるようにできる。その操作から得られる凸多面体を $\mathscr{P}_v^{[1]}$ とする。

その操作をすると、頂点の個数は 2 個増え、面の個数は 1 個増える。すると、$f$ 列は

$$\mathscr{P}_v^{[1]} = (v+2, 2v+1, v+1)$$

となる。

次に、凸多面体 $\mathscr{P}_v^{[1]}$ の頂点で、ちょうど 3 個の辺に含まれるものを任意に選び、その頂点から少しだけ離れた箇所を切り落とす操作をし、凸多面体 $\mathscr{P}_v^{[2]}$ を作る。

すると、$f$ 列は

$$\mathscr{P}_v^{[2]} = (v+4, 2v+4, v+2)$$

となる。

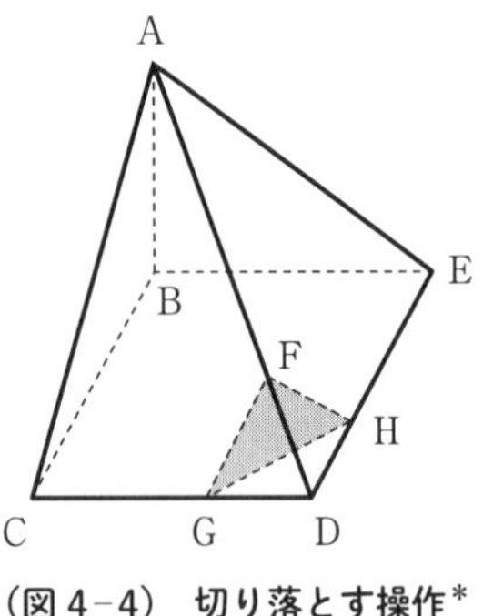


**（図 4−4） 切り落とす操作***

そのような操作を $N$ 回繰り返すと、

$$\mathscr{P}_v^{[N]} = (v+2N, 2v+3N-2, v+N)$$

となる。

すると、$\mathscr{P}_v^{[N]}$ は、$M_v$ 上の点の $x$ 座標を頂点の個数とし、$y$ 座標を面の個数とする凸多面体である。

以上の（第 1 段）と（第 2 段）の議論から、条件

$$v-e+f=2,\ v \leq 2f-4,\ f \leq 2v-4$$

を満たす $(v, e, f)$ を $f$ 列とする凸多面体として

---

* 多角錐 $\mathscr{P}_v$ の $v=5$ のときの切り落とす操作である。まず、$\mathscr{P}_5$ は四角錐になる。その四角錐 ABCDE の底面の頂点の一つを任意に選ぶ。たとえば、頂点 D を選ぶ。次に、辺 DA, DC, DE のそれぞれにおいて、頂点 D から少しだけ離れたところにあるものを任意に選び、F, G, H とする。四角錐 ABCDE から三角錐 DFGH を切り落とす。すると、三角形の面が 3 個、四角形の面が 2 個、五角形の面が 1 個の凸多面体が得られる。その凸多面体が $\mathscr{P}_5^{[1]}$ である。

$$\mathscr{P}_v, v = 4, 5, \cdots$$
$$\mathscr{P}_v^{(N)}, v = 4, 5, \cdots, \ \ N = 1, 2, \cdots$$
$$\mathscr{P}_v^{[N]}, v = 4, 5, \cdots, \ \ N = 1, 2, \cdots$$

である。■

定理（4.1）の証明の「テントを作る操作」と「切り落とす操作」は、凸多面体の $f$ 列を探究するときの常套手段である。

定理（4.1）の条件の等式 $v - e + f = 2$ も、$v$ と $f$ に関する不等式 $v \leq 2f - 4$ と $f \leq 2v - 4$ も、$v$ と $f$ を入れ替えても不変である。すると、$(v, e, f)$ を $f$ 列とする凸多面体が存在すれば、$(f, e, v)$ を $f$ 列とする凸多面体も存在する。その典型的な例は、立方体と正六面体、及び、正十二面体と正二十面体である。三角柱の $f$ 列は $(6,9,5)$ であるが、$(5,9,6)$ を $f$ 列とする凸多面体を作るには、三角柱の頂点と面を入れ替えればよく、そうすると、いわゆる双三角錐となる。

## 4.2　単体的凸多面体と単純凸多面体

### a）　単体的凸多面体

凸多面体 $\mathscr{P}$ が**単体的**であるとは、任意の面が三角形であるときにいう。

たとえば、四面体、正八面体、正二十面体などは単体的であるが、立方体、正十二面体、三角柱などは単体的ではない。

**（4.2）補題　単体的凸多面体 $\mathscr{P}$ の $f$ 列を $f(\mathscr{P}) = (v, e, f)$ とすると、**

$$e = 3v - 6, \ \ f = 2v - 4$$

**が成立する。**

［証明］　単体的凸多面体 $\mathscr{P}$ のそれぞれの面は 3 本の辺に囲まれ、それぞれの辺は 2 枚の面に属する。すると、

$$3f = 2e$$

である。これを $v-e+f=2$ に代入すると

$$v-e+\frac{2}{3}e=2, \quad v-\frac{3}{2}f+f=2$$

となる。すると、$e=3v-6, f=2v-4$ が従う。■

**（4.3）系　単体的凸多面体 $\mathscr{P}$ の頂点の個数を $v$ とすると、その $f$ 列は**

$$f(\mathscr{P})=(v, 3v-6, 2v-4)$$

**である。**■

$xyz$ 空間

$$\mathbb{R}^3=\{\,(x,y,z) : x, y, z \in \mathbb{R}\,\}$$

の曲線

$$C_3=\{\,(t,t^2,t^3) : t \in \mathbb{R}\,\}$$

を**モーメント曲線**と呼ぶ*。

モーメント曲線 $C_3$ の上の点 $(t,t^2,t^3)$ を $\alpha(t)$ と表す。

$$\alpha(t)=(t,t^2,t^3), \ \ t \in \mathbb{R}$$

---

＊ $xy$ 平面の放物線 $y=x^2$ の上の点 $(x,x^2)$ を、$x>0$ のときは $z$ 軸の正の方向に $x^3$ だけ上昇させ、$x<0$ のときは $z$ 軸の負の方向に $-x^3$ だけ降下させることから作られる曲線がモーメント曲線である。

**(4.4) 補題　モーメント曲線 $C_3$ の上の任意の 4 点**

$$\alpha(t_{i_1}), \alpha(t_{i_2}), \alpha(t_{i_3}), \alpha(t_{i_4}),\ \ i_1 < i_2 < i_3 < i_4$$

**を頂点とする四面体が存在する。**

［証明］　任意の 4 点 $\alpha(t_{i_1}), \alpha(t_{i_2}), \alpha(t_{i_3}), \alpha(t_{i_4})$ を含む平面が存在しないことを示せば十分である。

すなわち、4 点

$$(0,0,0), \alpha(t_{i_2}) - \alpha(t_{i_1}), \alpha(t_{i_3}) - \alpha(t_{i_1}), \alpha(t_{i_4}) - \alpha(t_{i_1})$$

を含む平面が存在しないことをいえばよい。

換言すると、3 個のベクトル

$$\alpha(t_{i_2}) - \alpha(t_{i_1}), \alpha(t_{i_3}) - \alpha(t_{i_1}), \alpha(t_{i_4}) - \alpha(t_{i_1})$$

が線型独立であることをいえばよい。

そのためには、行列式

$$\begin{vmatrix} t_{i_2} - t_{i_1} & t_{i_2}^2 - t_{i_1}^2 & t_{i_2}^3 - t_{i_1}^3 \\ t_{i_3} - t_{i_1} & t_{i_3}^2 - t_{i_1}^2 & t_{i_3}^3 - t_{i_1}^3 \\ t_{i_4} - t_{i_1} & t_{i_4}^2 - t_{i_1}^2 & t_{i_4}^3 - t_{i_1}^3 \end{vmatrix}$$

の値が非零であることをいえばよい。

ところが、その行列式の値は、ヴァンデルモンドの行列式

$$\begin{vmatrix} 1 & t_{i_1} & t_{i_1}^2 & t_{i_1}^3 \\ 1 & t_{i_2} & t_{i_2}^2 & t_{i_2}^3 \\ 1 & t_{i_3} & t_{i_3}^2 & t_{i_3}^3 \\ 1 & t_{i_4} & t_{i_4}^2 & t_{i_4}^3 \end{vmatrix}$$

の値と一致するから、その値は非零である。■

**(4.5) 補題　任意の実数 $t$ について、$xyz$ 空間の平面**

$$\mathscr{H}_t = \{ (x,y,z) \in \mathbb{R}^3 : ax+by+cz+d=0 \}$$

**で、条件**

- **$\alpha(t)$ は $\mathscr{H}_t$ の上の点である。**
- **モーメント曲線 $C_3$ から $\{\alpha(t)\}$ を除去した部分は、領域**

$$\mathscr{D}_t = \{ (x,y,z) \in \mathbb{R}^3 : ax+by+cz+d<0 \}$$

**に含まれる。**

**を満たすものが存在する。**

［証明］　まず、$x$ の多項式 $p_t(x)$ を

$$p_t(x) = -(x-t)^2 = -x^2+2tx-t^2$$

と定義する。その計算を踏まえ、方程式が

$$-y+2tx-t^2=0$$

となる平面を $\mathscr{H}_t$ とする。すると、$\alpha(t) \in \mathscr{H}_t$ である。

他方、$t' \neq t$ のとき

$$-t'^2+2tt'-t^2 = -p_t(t') < 0$$

となる。すると、$\alpha(t') \in \mathscr{D}_t$ となる。■

**(4.6) 定理　モーメント曲線 $C_3$ の上の $v$ 個の点**

$$\alpha(t_1), \alpha(t_2), \cdots, \alpha(t_v), \quad t_1<t_2<\cdots<t_v$$

**を任意に選ぶ。ただし、$v \geq 4$ とする。すると、それらの $v$**

**個の点を頂点とする凸多面体が存在する。しかも、その凸多面体は単体的凸多面体である。**

[証明*]　まず、$v=4$ のときは、補題（4.4）から従う。

次に、$v>4$ とし、

$$\alpha(t_1), \alpha(t_2), \cdots, \alpha(t_{v-1})$$

を頂点とする凸多面体 $\mathscr{Q}_{v-1}$ が存在すると仮定する。このとき、$\mathscr{Q}_{v-1}$ に属する任意の点 $\mathbf{x}$ と $\alpha(t_v)$ を結ぶ線分

$$[\mathbf{x}, \alpha(t_v)] = \{s\mathbf{x} + (1-s)\alpha(t_v) : 0 \leq s \leq 1\}$$

の和集合

$$\mathscr{P} = \bigcup_{\mathbf{x} \in \mathscr{Q}_{v-1}} [\mathbf{x}, \alpha(t_v)]$$

は凸多面体である。しかも、補題（4.5）から、凸多面体 $\mathscr{P}$ の頂点は $\alpha(t_1), \alpha(t_2), \cdots, \alpha(t_v)$ である。

再び、補題（4.4）を使うと、凸多面体 $\mathscr{P}$ のそれぞれの面には、4 個以上の頂点が属することはできないから、すなわち、それぞれの面は三角形である。したがって、凸多面体 $\mathscr{P}$ は単体的凸多面体である。■

モーメント曲線 $C_3$ の上の $v$ 個の任意の点（ただし、$v \geq 4$）を頂点とする単体的凸多面体を $C(v,3)$ と表し、型 $(v,3)$ の**巡回凸多面体**と呼ぶ。

---

* 本著の第 1 部と第 2 部は、凸多面体の概念は（高校数学レベルの）既知（な概念）とし、議論を展開している。しかしながら、定理（4.6）の“厳密”な証明は、凸閉包と支持超平面の概念を導入しなければ理解できない。詳細は、第 3 部を参照されたい。

**(4.7) 系　任意の $v \geq 4$ について、ちょうど $v$ 個の頂点を持つ単体的凸多面体が存在する。■**

### b) 単純凸多面体

凸多面体 $\mathscr{P}$ が**単純**であるとは、それぞれの頂点に 3 本の辺が集まるときにいう。

たとえば、立方体、正十二面体、三角柱などは単純である。四面体は単体的かつ単純である。四角錐は、単体的でもなく、単純でもない。

**(4.8) 補題　単純凸多面体 $\mathscr{P}$ の $f$ 列を $f(\mathscr{P}) = (v, e, f)$ とすると、**

$$e = 3f - 6, \quad v = 2f - 4$$

**が成立する。**

［証明］　単純凸多面体 $\mathscr{P}$ のそれぞれの頂点には 3 本の辺が集まる。すると、

$$3v = 2e$$

である。これを $v - e + f = 2$ に代入すると

$$\frac{2}{3}e - e + f = 2, \quad v - \frac{3}{2}v + f = 2$$

となる。すると、$e = 3f - 6, v = 2f - 4$ が従う。■

**(4.9) 系　単純凸多面体 $\mathscr{P}$ の面の個数を $f$ とすると、その $f$ 列は**

$$f(\mathscr{P}) = (2f - 4, 3f - 6, f)$$

**である。■**

# 第5章 エルハート多項式の理論

## 5.1 格子多角形のエルハート多項式

多角形のふくらまし (dilation) を導入する。一般に、$xy$ 平面の多角形 $\mathscr{P}$ があったとき、その $N$ 番目の**ふくらまし**とは

$$N\mathscr{P} = \{Nw : w \in \mathscr{P}\},\ N = 1, 2, \cdots$$

のことである。

すると、$\mathscr{P}$ の頂点が $\xi_1, \xi_2, \cdots, \xi_v$ であるならば、$N\mathscr{P}$ は

$$N\xi_1, N\xi_2, \cdots, N\xi_v$$

を頂点とする多角形である。エルハート多項式の理論とは、格子多角形のふくらましに属する格子点の数え上げの理論である。

$xy$ 平面の格子多角形 $\mathscr{P}$ の $N$ 番目のふくらまし $N\mathscr{P}$ に属する格子点の個数を $i(\mathscr{P}, N)$ とし、$N\mathscr{P}$ の内部に属する格子点の個数を $i^*(\mathscr{P}, N)$ と表す。すなわち、

$$i(\mathscr{P}, N) = |N\mathscr{P} \cap \mathbb{Z}^2|$$
$$i^*(\mathscr{P}, N) = |N(\mathscr{P} \setminus \partial\mathscr{P}) \cap \mathbb{Z}^2|$$

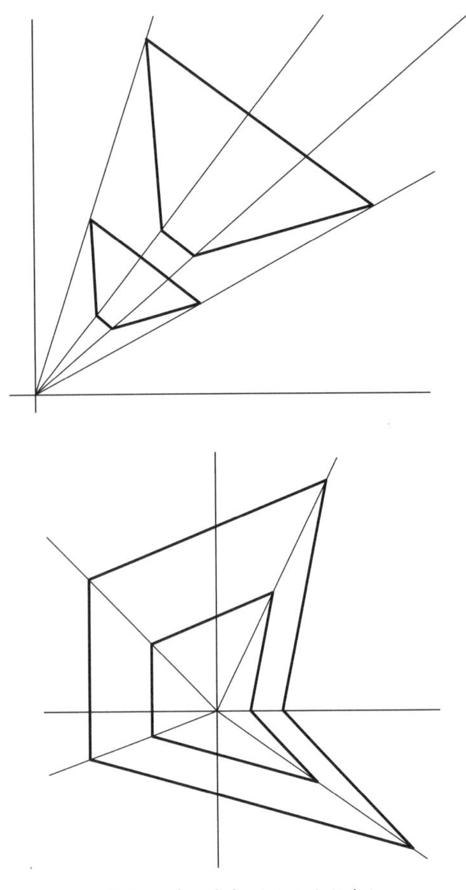

（図 5−1） 多角形のふくらまし

である。

ただし、$\mathbb{Z}$ は整数の全体の集合を表し、

$$\mathbb{Z}^2 = \{(x,y) : x, y \in \mathbb{Z}\}$$

である。

一般に、$X$ が有限集合のとき、$X$ に属する元の個数を $|X|$ と表す。

なお、第 3 章を踏襲するならば

$$i(\mathscr{P},N) = b(N\mathscr{P}) + c(N\mathscr{P})$$
$$i^*(\mathscr{P},N) = c(N\mathscr{P})$$

となるが、組合せ論の慣習に従い、$i(\mathscr{P},N)$ と $i^*(\mathscr{P},N)$ を使う。

ただし、補題（5.1）の証明など、$N\mathscr{P}$ の境界に属する格子点の個数が必要なときは、しばしば、$b(N\mathscr{P})$ なども使う。ピックの公式に関連するときなども、$c(\mathscr{P})$ と $b(\mathscr{P})$ を使う。

**定義　函数 $i(\mathscr{P},N)$ と $i^*(\mathscr{P},N)$ を格子多角形 $\mathscr{P}$ の数え上げ函数と呼ぶ。**

たとえば、（図 5-2）の格子多角形 $\mathscr{P}$ の数え上げ函数 $i(\mathscr{P},N)$ と $i^*(\mathscr{P},N)$ を計算しよう。数学 B の数列の練習問題である。鉛筆で計算すると面白い。計算結果は

$$i(\mathscr{P},N) = 8N^2 + 5N + 1$$
$$i^*(\mathscr{P},N) = 8N^2 - 5N + 1$$

となる。計算が億劫（おっくう）な読者は $i(\mathscr{P},N)$ と $i^*(\mathscr{P},N)$ を眺め、数字の 2, 8, 5, 1 の意味は何かを推測すると趣があるし、たと

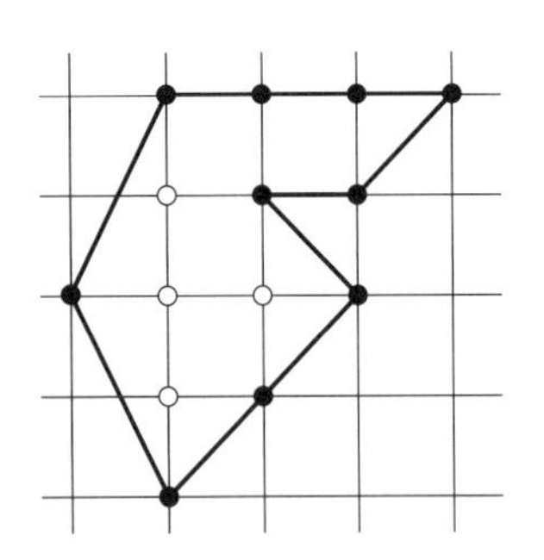

**（図 5−2）　格子多角形の数え上げ函数**

えば、$N=1$ のときを確認するに留めるのも一案である。

まず、空の三角形の数え上げ函数を計算しよう。

**（5.1）補題　空の三角形 $\mathscr{P}$ の $i(\mathscr{P},N)$ と $i^*(\mathscr{P},N)$ は**

$$i(\mathscr{P},N)=\frac{1}{2}(N^2+3N+2)$$
$$i^*(\mathscr{P},N)=\frac{1}{2}(N^2-3N+2)$$

**である。**

[証明]（**第 1 段**）$xy$ 平面の格子点 $(a,b)$ と $(c,d)$ を結ぶ線分には、両端を除くと、格子点が存在しないと仮定すると、$(Na,Nb)$ と $(Nc,Nd)$ を結ぶ線分の上の格子点の個数は $N+1$ である。

実際、$p=a-c,\ q=b-d$ と置き、$(c,d)$ が原点になるように線分を平行移動すると、原点と $(p,q)$ を結ぶ線分の上は、両端を除くと、格子点が存在しない。換言すると、$p$ と $q$ は互いに素である。すると、原点と $(Np,Nq)$ を結ぶ線分 $L$ の

上の格子点は

$$(0,0), (p,q), (2p,2q), \cdots, (Np,Nq)$$

の $N+1$ 個である。このとき、$L$ の原点が $(Nc,Nd)$ になるように平行移動することから、$(Na,Nb)$ と $(Nc,Nd)$ を結ぶ線分に含まれる格子点の個数も $N+1$ であることが従う。

（第 2 段）空の三角形 $\mathscr{P}$ の面積は $\frac{1}{2}$ であるから、$N\mathscr{P}$ の面積は $\frac{1}{2}N^2$ である。すると、$N\mathscr{P}$ の境界に属する格子点の個数 $b(N\mathscr{P})$ がわかれば、ピックの公式から

$$i^*(\mathscr{P},N) = c(N\mathscr{P}) = A(N\mathscr{P}) - \frac{1}{2}b(N\mathscr{P}) + 1$$

が計算できる。ただし、$A(N\mathscr{P})$ は $N\mathscr{P}$ の面積である。すると

$$i(\mathscr{P},N) = i^*(\mathscr{P},N) + b(N\mathscr{P})$$

も計算できる。

さて、$\mathscr{P}$ が空の三角形であることから、その辺上には、両端を除くと、格子点は存在しない。すると、（第 1 段）の結果から、$N\mathscr{P}$ の境界に属する格子点の個数は

$$3(N+1) - 3 = 3N$$

となる。すると、

$$\begin{aligned} i^*(\mathscr{P},N) &= \frac{1}{2}N^2 - \frac{3}{2}N + 1 \\ &= \frac{1}{2}(N^2 - 3N + 2) \\ i(\mathscr{P},N) &= \frac{1}{2}N^2 - \frac{3}{2}N + 1 + 3N \end{aligned}$$

$$= \frac{1}{2}(N^2 + 3N + 2)$$

となる。■

一般の格子多角形 $\mathscr{P}$ のふくらましに属する格子点の個数を計算し、数え上げ函数 $i(\mathscr{P},N)$ と $i^*(\mathscr{P},N)$ を $N$ の式で表す。

- 一般の格子多角形 $\mathscr{P}$ を、$f$ 個の空の三角形

$$\mathscr{F}_1, \mathscr{F}_2, \cdots, \mathscr{F}_f$$

  に分割する。厳密には、$f$ 個の空の三角形から成る単連結な三角形の貼り合わせから作られる多角形が $\mathscr{P}$ である、ということである。ピックの公式の証明の冒頭の議論を参照されたい。
- その空の三角形の辺の個数の総和を $e$ とし、空の三角形の頂点の個数の総和を $v$ とする。さらに、$\mathscr{P}$ の境界に属する格子点の個数を $d$ とする。すると、空の三角形の $e$ 個の辺のうち、$\mathscr{P}$ の境界に含まれないものは $e-d$ 個である。空の三角形の $v$ 個の頂点のうち、$\mathscr{P}$ の境界に含まれないものは $v-d$ 個である。
- まず、$N\mathscr{P}$ の内部に属する格子点は、$N\mathscr{F}_1,\cdots,N\mathscr{F}_f$ のいずれかの内部に属する格子点であるか、$N\mathscr{F}_1,\cdots,N\mathscr{F}_f$ の辺のうち、$\mathscr{P}$ の境界に含まれない $e-d$ 個の辺の両端を除く格子点であるか、あるいは、$N\mathscr{F}_1,\cdots,N\mathscr{F}_f$ の頂点のうち、$\mathscr{P}$ の境界に含まれない $v-d$ 個の格子点である。

- それらの総和を、補題（5.1）* を使って計算すると、

$$\begin{aligned}&\frac{1}{2}(N^2-3N+2)f+(e-d)(N-1)+(v-d)\\&=\frac{f}{2}N^2-(\frac{3}{2}f+d-e)N+(f-(e-d)+(v-d))\\&=\frac{f}{2}N^2-(\frac{3}{2}f+d-e)N+(v-e+f)\end{aligned}$$

となる。ところが、補題（1.2）から

$$v-e+f=1$$

となるから、

$$i^*(\mathscr{P},N)=\frac{f}{2}N^2-(\frac{3}{2}f+d-e)N+1$$

が従う。

- 空の三角形の辺のうち、$\mathscr{P}$ の境界に含まれる $d$ 個の辺はただ一つの空の三角形に属し、境界に含まれない $e-d$ 個の辺は異なる 2 個の空の三角形に属する。すると

$$3f=2(e-d)+d$$

であるから

$$e-\frac{3}{2}f=\frac{1}{2}d$$

となる。したがって、

$$i^*(\mathscr{P},N)=\frac{f}{2}N^2-\frac{d}{2}N+1$$

となる。

---

* なお、補題（5.1）の証明の（第 1 段）も参照のこと。

- ふくらまし $N\mathscr{P}$ に属する格子点の個数は、$i^*(\mathscr{P},N)$ に $N\mathscr{P}$ の境界に属する格子点の個数を加えればよい。ふくらまし $N\mathscr{P}$ の境界に属する格子点の個数は $dN$ であるから

$$i(\mathscr{P},N) = \frac{f}{2}N^2 + \frac{d}{2}N + 1$$

が従う。
- 格子多角形 $\mathscr{P}$ は $f$ 個の空の三角形に分割されており、空の三角形の面積は $\frac{1}{2}$ であるから、$N^2$ の係数 $\frac{f}{2}$ は $\mathscr{P}$ の面積 $A(\mathscr{P})$ に一致する。格子凸多角形 $\mathscr{P}$ の境界に含まれる格子点の個数は $d = b(\mathscr{P})$ となる。

以上の結果、

**(5.2) 定理　格子多角形 $\mathscr{P}$ の面積を $A(\mathscr{P})$ とし、その境界に属する格子点の個数を $b(\mathscr{P})$ とすると**

$$i(\mathscr{P},N) = A(\mathscr{P})N^2 + \frac{b(\mathscr{P})}{2}N + 1$$
$$i^*(\mathscr{P},N) = A(\mathscr{P})N^2 - \frac{b(\mathscr{P})}{2}N + 1$$

**である。■**

たとえば、（図 5-2）の格子多角形ならば、その面積は $A(\mathscr{P}) = 8$ と、その境界に属する格子点の個数は $b(\mathscr{P}) = 10$ となるから、そのエルハート多項式は、定理（5.2）から計算できる。

**(5.3) 系　函数 $i(\mathscr{P},N)$ は $N$ に関する 2 次の多項式である。定数項は 1 と、$N^2$ の係数は $\mathscr{P}$ の面積となる。さらに、等式**

$$i^*(\mathscr{P},N) = (-1)^2 i(\mathscr{P},-N),\ \ N = 1,2,\cdots \tag{8}$$

**が成立する。■**

等式 (8) は、あくまでも、$i(\mathscr{P},N)$ と $i^*(\mathscr{P},N)$ を単なる $N$ に関する多項式とみなしたときの等式であるから、$i(\mathscr{P},-N)$ は数え上げの函数ではない。なお、係数の $(-1)^2$ は平面であることを強調するためのものである。

**定義　われわれは、多項式 $i(\mathscr{P},N)$ を格子多角形 $\mathscr{P}$ のエルハート多項式と呼ぶことにしよう。等式 (8) はエルハートの相互法則と呼ばれる。**

格子多角形 $\mathscr{P}$ のエルハート多項式 $i(\mathscr{P},N)$ の $N$ の係数 $\frac{b(\mathscr{P})}{2}$ もうまく解釈しよう。もちろん、$\mathscr{P}$ の境界に属する格子点の個数の $\frac{1}{2}$ ということであるけれども、$N^2$ の係数が格子多角形の「面積」であるから、$N$ の係数は何らかの「長さ」に一致するように解釈できると、エルハート多項式の理論が、一層、彩られるであろう。

そのような背景を踏まえ、線分の正規化された長さの概念を導入する。$xy$ 平面の線分は、その両端が格子点となるとき、**格子線分**と呼ばれる。$xy$ 平面の格子線分が両端以外の格子点を持たないとき、**空の線分**と呼ぶことにする。空の線分の**正規化された長さ**を 1 とし、その基準から一般の格子線分 $L$ の長さを測るとき、その長さを $L$ の正規化された長さと呼ぶ。

たとえば、（図 5−3）の格子線分は、3 本の空の線分をつないだものであるから、その正規化された長さは 3 である。

換言すると、格子線分 $L$ に属する格子点の個数が両端を含

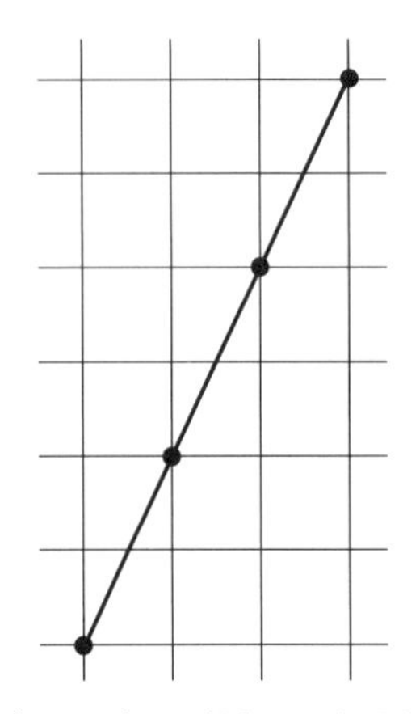

（図 5−3） 正規化された長さ

め $s$ 個のとき、$L$ の正規化された長さは $s-1$ となる。特に、格子線分の正規化された長さは必ず正の整数となる。

格子多角形の境界はいくつかの格子線分をつないだものである。それらの線分の正規化された長さの和を境界の正規化された長さとすると、その正規化された長さは境界に属する格子点の個数 $b(\mathscr{P})$ に一致する。

たとえば、（図 5−2）の格子多角形の境界の正規化された長さは 10 である。すると、格子多角形 $\mathscr{P}$ のエルハート多項式 $i(\mathscr{P},N)$ の $N$ の係数 $\frac{b(\mathscr{P})}{2}$ は $\mathscr{P}$ の境界の長さの $\frac{1}{2}$ となる。

**（5.4） 系　2 次の多項式 $i(\mathscr{P},N)$ の定数項は 1 と、$N$ の係数は $\mathscr{P}$ の境界の正規化された長さの $\frac{1}{2}$ と、$N^2$ の係数は $\mathscr{P}$ の面積となる。■**

相互法則（等式 (8)）の関係を満たす函数は、数え上げ組合せ論にはしばしば出現する。もっとも著名な例は、高校数学の「場合の数」でもお馴染みの、組合せと重複組合せである。相異なる $n$ 個のものから $r$ 個を選ぶ組合せの総数は

$$f_r(n) = \frac{n!}{r!(n-r)!} = \frac{n(n-1)\cdots(n-r+1)}{r!}$$

である。相異なる $n$ 個のものから重複を許し $r$ 個を選ぶ組合せの総数は、相異なる $n+r-1$ 個のものから $r$ 個を選ぶ組合せの総数に等しい*から、

$$g_r(n) = \frac{(n+r-1)!}{r!(n-1)!} = \frac{(n+r-1)(n+r-2)\cdots n}{r!}$$

である。すると、$f_r(n)$ の $n$ を $-n$ に置き換えると

$$\begin{aligned} f_r(-n) &= \frac{(-n)(-n-1)\cdots(-n-r+1)}{r!} \\ &= \frac{(-1)^r n(n+1)\cdots(n+r-1)}{r!} \\ &= (-1)^r g_r(n) \end{aligned}$$

となる。すなわち、$r$ を固定するとき、$n$ の函数 $f_r(n)$ と $g_r(n)$ は、相互法則

$$g_r(n) = (-1)^r f_r(-n)$$

を満たす。なお、重複組合せの総数 $g_r(n)$ は

$$1 \le x_1 \le x_2 \le \cdots \le x_r \le n$$

---

＊ 公式 ${}_n\mathrm{H}_r = {}_{n+r-1}\mathrm{C}_r$ は周知であろうが、その証明となると、あやふやな高校生がしばしばみうけられる。

を満たす整数の組 $(x_1, x_2, \cdots, x_r)$ の個数であり、組合せの総数 $f_r(n)$ は

$$1 \leq x_1 < x_2 < \cdots < x_r \leq n$$

を満たす整数の組 $(x_1, x_2, \cdots, x_r)$ の個数である。

換言すると、重複組合せの総数 $g_r(n)$ は、集合 $\{1, 2, \cdots, r\}$ から集合 $\{1, 2, \cdots, n\}$ への単調増加函数 $\varphi$ の個数である。組合せの総数 $f_r(n)$ は、集合 $\{1, 2, \cdots, r\}$ から集合 $\{1, 2, \cdots, n\}$ への狭義単調増加函数 $\psi$ の個数である*。

エルハート多項式の理論は、ピックの公式のもっとも著名な一般化である。とはいえ、格子多角形を扱う限り、一般化の主旨がはっきりしない。そもそも、定理 (5.2) を導く議論は、ピックの公式に負うところも多く、ピックの公式の応用という雰囲気は漂うが、一般化の趣は乏しい。もっとも、$b(\mathscr{P})$ と $c(\mathscr{P})$ の値から $i(\mathscr{P}, N)$ と $i^*(\mathscr{P}, N)$ が計算でき、しかも、$i(\mathscr{P}, N)$ の $N^2$ の係数が $A(\mathscr{P})$ であることから、ピックの公式よりも豊富な情報が得られるから、一般化と解釈することもできよう。

**Memo**

第 3 章の Memo で紹介したスコットの定理を使うと、$xy$ 平面の格子凸多角形のエルハート多項式を完全に決定することが可能である。

換言すると、定数項が 1 となる $N$ の 2 次式

---

* 函数 $\varphi$ が単調増加であるとは、$i < j$ ならば $\varphi(i) \leq \varphi(j)$ であるときにいう。函数 $\psi$ が狭義単調増加であるとは、$i < j$ ならば $\varphi(i) < \varphi(j)$ であるときにいう。

$$\frac{a}{2}N^2 + \frac{b}{2}N + 1$$

（ただし、$a \geq 1$ と $b \geq 3$ は整数）が与えられたとき、

$$i(\mathscr{P}, N) = \frac{a}{2}N^2 + \frac{b}{2}N + 1 \tag{9}$$

となる $xy$ 平面の格子凸多角形 $\mathscr{P}$ が存在するための $a$ と $b$ に関する必要十分条件が得られる。

実際、$xy$ 平面の格子凸多角形 $\mathscr{P}$ の境界に属する格子点の個数 $b(\mathscr{P})$ と内部に含まれる格子点の個数 $c(\mathscr{P})$ から

$$i(\mathscr{P}, N) = \left(\frac{1}{2}\,b(\mathscr{P}) + c(\mathscr{P}) - 1\right)N^2 + \frac{b(\mathscr{P})}{2}N + 1$$

となる。

すると、(9) を満たす $xy$ 平面の格子凸多角形 $\mathscr{P}$ が存在するための $a$ と $b$ に関する必要十分条件は、下記の条件 (i), (ii), (iii) のいずれかが満たされることである。

(i)（$c(\mathscr{P}) = 0$ のとき）$a = b - 2$
(ii)（$c(\mathscr{P}) = 1$ のとき）$a = b,\ b \leq 9$
(iii)（$c(\mathscr{P}) \geq 2$ のとき）$b + 2 \leq a,\ 2b - 8 \leq a$

すなわち、ピックの公式とスコットの定理は、$xy$ 平面の格子凸多角形のエルハート多項式の理論を完璧なものとする。それでは、$xyz$ 空間だとどうなるだろうか。

## 5.2　格子凸多面体の体積

$xyz$ 空間のエルハート多項式の理論を紹介しよう。$xy$ 平面だと、凸多角形を定義し、三角形分割から一般の多角形を導入している。ピックの公式は、一般の格子多角形に関する結

果である。$xyz$ 空間でも、四面体分割を扱えば、一般の多面体を導入することもできるが、煩雑になるから、$xyz$ 空間では、格子凸多面体に限り、話を展開する。

$xyz$ 空間の点 $(a,b,c)$ は、その $x$ 座標 $a$ と $y$ 座標 $b$ と $z$ 座標 $c$ のすべてが整数であるとき、**格子点**と呼ばれる。$xyz$ 空間の凸多面体は、そのすべての頂点が格子点であるとき、**格子凸多面体**と呼ばれる。

$xyz$ 空間の凸多面体 $\mathscr{P}$ の $N$ 番目のふくらましは、$xy$ 平面の多角形と同じく、

$$N\mathscr{P} = \{Nw : w \in \mathscr{P}\}, \ N = 1,2,\cdots$$

のことである。

格子凸多面体 $\mathscr{P}$ の $N$ 番目のふくらまし $N\mathscr{P}$ に属する格子点の個数を $i(\mathscr{P},N)$ とし、$N\mathscr{P}$ の内部に属する格子点の個数を $i^*(\mathscr{P},N)$ と表す。すなわち、

$$i(\mathscr{P},N) = |N\mathscr{P} \cap \mathbb{Z}^3|$$
$$i^*(\mathscr{P},N) = |N(\mathscr{P} \setminus \partial\mathscr{P}) \cap \mathbb{Z}^3|$$

である。ただし、

$$\mathbb{Z}^3 = \{(a,b,c) : a,b,c \in \mathbb{Z}\}$$

である。

**定義　函数 $i(\mathscr{P},N)$ と $i^*(\mathscr{P},N)$ を格子凸多面体 $\mathscr{P}$ の数え上げ函数と呼ぶ。**

たとえば、**単位立方体**

$$\{(x,y,z)\in\mathbb{R}^3 : 0\le x\le 1, 0\le y\le 1, 0\le z\le 1\}$$

の数え上げ函数は

$$i(\mathscr{P},N)=(N+1)^3,\ \ i^*(\mathscr{P},N)=(N-1)^3$$

である。

空間の 4 個の格子点

$$(0,0,0),\ (1,0,0),\ (0,1,0),\ (1,1,m)$$

を頂点とする格子四面体を $\mathscr{Q}_m$ とする。ただし、$m$ は正の整数である。

- 格子四面体 $\mathscr{Q}_m$ の数え上げ函数を計算する。空間における格子点の個数を数え上げることは、受験数学でも難問の類である。すると、

$$i(\mathscr{Q}_m,N)=\frac{m}{6}N^3+N^2-\frac{12-m}{6}N+1$$
$$i^*(\mathscr{Q}_m,N)=\frac{m}{6}N^3-N^2+\frac{12-m}{6}N-1$$

  である。
- 格子四面体 $\mathscr{Q}_m$ は頂点以外の格子点を含まない。すなわち、$\mathscr{Q}_m$ は**空の四面体**である。それを証明することは、それほど簡単なことではないけれども、受験数学の空間図形の問題であるから、省略しよう。
- 空の四面体 $\mathscr{Q}_m$ の体積は、行列式の理論から

$$\frac{1}{6}\begin{vmatrix}1&0&0\\0&1&0\\1&1&m\end{vmatrix}=\frac{m}{6}$$

となる。

- もっとも、体積の計算だけならば、数学 B の空間ベクトルの練習問題である。頂点を

$$(1,0,0), (0,1,0), (1,1,m)$$

とする三角形を底面と考え、その面積を計算し、さらに、原点 $(0,0,0)$ から底面に下ろした垂線の足の座標を求め、その四面体の高さを計算する。

- 特に、空の四面体の体積の上限は存在しない。すると、補題（3.1）の類似は空の四面体では成立しない。

ちょっと無茶ではあるが、その計算から、定理（5.5）を認めることにする。

**（5.5）定理　格子凸多面体 $\mathscr{P}$ の数え上げ函数 $i(\mathscr{P},N)$ は $N$ に関する 3 次の多項式である。しかも、その定数項は 1 である。さらに、相互法則**

$$i^*(\mathscr{P},N) = (-1)^3 i(\mathscr{P},-N), \ \ N = 1,2,\cdots$$

**が成立する。■**

格子凸多面体 $\mathscr{P}$ の数え上げ函数 $i(\mathscr{P},N)$ が 3 次の多項式になることは、格子凸多面体を空の四面体に四面体分割することから証明する。しかしながら、格子凸多面体を空の四面体に四面体分割しても、定理（5.5）の証明は難しい。煩雑な証明を披露することは、読者を疲弊させることになるから、やめてしまうのが無難だろう……と、執筆を続けた。だけども、執筆を続けると、やっぱり、定理（5.5）の証明を省くと、

本著の屋台骨が崩れ、著者の権威を損ねることになるかも、との危惧の念を抱くようになった。であるから、付録に後回しとするが、ともかく、定理（5.5）の証明は、後ほど、披露しよう。

ところが、いったん、$i(\mathscr{P},N)$ が 3 次の多項式になることを認めると、その $N^3$ の係数が $\mathscr{P}$ の体積に一致することを示すことは、それほど難しくはない。

**（5.6）系　空間の格子凸多面体 $\mathscr{P}$ の数え上げ函数 $i(\mathscr{P},N)$ の $N^3$ の係数は、$\mathscr{P}$ の体積に一致する。**

［証明］　格子凸多面体 $\mathscr{P}$ の体積を区分求積法で計算することを考えよう。まず、

$$\left(\frac{\mathbb{Z}}{N}\right)^3 = \left\{ \left(\frac{a}{N}, \frac{b}{N}, \frac{c}{N}\right) : a, b, c \in \mathbb{Z} \right\}$$

とし、$(a',b',c') \in \left(\frac{\mathbb{Z}}{N}\right)^3$ を中心とする一辺の長さが $\frac{1}{N}$ の立方体を $C_{(a',b',c')}\left(\frac{1}{N}\right)$ とする。

次に、$\mathscr{P}$ に含まれる $(a',b',c') \in \left(\frac{\mathbb{Z}}{N}\right)^3$ の個数を $a(N)$ とし、$\mathscr{P}$ に含まれる $C_{(a',b',c')}\left(\frac{1}{N}\right)$ の個数を $b(N)$ とする。さらに、$\mathscr{P}$ を覆うために必要な $C_{(a',b',c')}\left(\frac{1}{N}\right)$ の個数を $c(N)$ とする。

すると、

$$b(N) \leq a(N) \leq c(N)$$

となる。区分求積法から、

$$\mathscr{P} \text{ の体積} = \lim_{N\to\infty} \frac{b(N)}{N^3} = \lim_{N\to\infty} \frac{c(N)}{N^3}$$

となる。したがって、

$$\mathscr{P} \text{ の体積} = \lim_{N \to \infty} \frac{a(N)}{N^3}$$

となる。ところが、

$$a(N) = \left| \mathscr{P} \cap \left( \frac{\mathbb{Z}}{N} \right)^3 \right| = |N\mathscr{P} \cap \mathbb{Z}^3|$$

に着目すると、結局、$\mathscr{P}$ の体積は

$$\lim_{N \to \infty} \frac{1}{N^3} i(\mathscr{P}, N)$$

となるから、$i(\mathscr{P}, N)$ の $N^3$ の係数に一致する。■

数え上げ函数 $i(\mathscr{P}, N)$ の $N^2$ の係数は $\mathscr{P}$ の境界の正規化された面積*の $\frac{1}{2}$ である。特に、$i(\mathscr{P}, N)$ の $N^3$ の係数、$N^2$ の係数は、両者とも正であるが、$N$ の係数は負となることもある。

以上の準備を礎とし、格子多角形に関するピックの公式を一般化し、格子凸多面体の体積を格子点の数え上げから計算する公式を導く。

**(5.7) 定理　格子凸多面体 $\mathscr{P}$ の内部に含まれる格子点の個数を $a$ とし、$\mathscr{P}$ の境界に含まれる格子点の個数を $b$ とする。さらに、2 倍のふくらまし $2\mathscr{P}$ の内部に含まれる格子点の個数を $a'$ とし、$2\mathscr{P}$ の境界に含まれる格子点の個数を $b'$ とする。このとき、等式**

$$\mathscr{P} \text{ の体積} = \frac{a' - 2a}{6} + \frac{b' - 2b}{12} \tag{10}$$

＊ 正規化された面積は、正規化された長さを模倣すれば定義できるが、煩雑になることと、特に、深入りする必要はないであろうから、とりあえず、省略する。

**が成立する。**

［証明］　格子凸多面体 $\mathscr{P}$ の数え上げ函数

$$i(\mathscr{P},N)=AN^3+BN^2+CN+1$$
$$i^*(\mathscr{P},N)=AN^3-BN^2+CN-1$$

の $N^3$ の係数 $A$ は、系（5.6）から $\mathscr{P}$ の体積である。

題意から

$$a+b=i(\mathscr{P},1)=A+B+C+1$$
$$a=i^*(\mathscr{P},1)=A-B+C-1$$
$$a'+b'=i(\mathscr{P},2)=8A+4B+2C+1$$
$$a'=i^*(\mathscr{P},2)=8A-4B+2C-1$$

となる。したがって、

$$2a+b=2A+2C,\ \ 2a'+b'=16A+4C$$

となる。これから $C$ を消去すると、

$$(2a'+b')-(4a+2b)=12A$$

となる。その結果、

$$A=\frac{a'-2a}{6}+\frac{b'-2b}{12}$$

を得る。■

なお、定理（5.7）は、格子凸多面体が四面体分割できることを認めれば、エルハート多項式を媒介しなくても、証明することができる。詳しくは、［才野瀬一郎、3 次元版ピック

の公式について、数研通信 95 (2019)、23–25］を参照されたい。才野瀬の証明は、公式 (10) が、まず、格子四面体のときに成立することを示し、その後、一般の格子凸多面体のときも、四面体分割の存在を認め、成立することを導いている。

しばらくの間、必ずしも格子凸多面体とは限らない、一般の凸多面体の四面体分割を構成する手段を紹介する。ただし、凸多面体の頂点だけを使う四面体分割を扱うこととする。凸多角形の頂点だけを使う三角形分割は、単に、対角線を引くだけの操作であるが、凸多面体の四面体分割は、それほど簡単なことではない。であるから、証明などはやらないとしても、その手段を紹介することは、些かなりとも有益であろう。

まず、凸多面体の四面体分割を定義し、その後、四面体分割を構成する手段を紹介し、三角柱、正八面体、双三角錐の四面体分割を構成しよう。

**定義**　**凸多面体 $\mathscr{P}$ の四面体分割とは、四面体 $\sigma$ の集合 $\Delta$ であって、以下の条件を満たすものをいう。**

- **四面体 $\sigma \in \Delta$ の頂点は $\mathscr{P}$ の頂点である。**
- **凸多面体 $\mathscr{P}$ の頂点は、いずれかの $\sigma \in \Delta$ の頂点である。**
- **四面体 $\sigma \in \Delta$ と $\tau \in \Delta$ の共通部分 $\sigma \cap \tau$ は、空でなければ、$\sigma$ と $\tau$ の両者の面、あるいは、両者の辺、あるいは、両者の頂点になっている。**
- **凸多面体 $\mathscr{P}$ は $\Delta$ に属する四面体の和集合である。すなわち**

$$\mathscr{P} = \bigcup_{\sigma \in \Delta} \sigma$$

**である。**

凸多面体の四面体分割を構成する。

（準備）　凸多面体 $\mathscr{P}$ の頂点に番号を付し $\mathbf{a}_1, \mathbf{a}_2, \cdots, \mathbf{a}_v$ とし、$\mathscr{P}$ のそれぞれの面 $\mathscr{F}$ について $\mathbf{a}_i \in \mathscr{F}$ となる $i$ で最小のものを $\alpha(\mathscr{F})$ と表す。

（操作）　まず、$\mathscr{P}$ の面 $\mathscr{F}$ で $1 < \alpha(\mathscr{F})$ となるものを選び、続いて、その面 $\mathscr{F}$ に含まれる辺 $\mathscr{E}$ で $\mathbf{a}_{\alpha(\mathscr{F})}$ が $\mathscr{E}$ の端点とならないものを選ぶ。そのように面 $\mathscr{F}$ と辺 $\mathscr{E}$ を選んだとき、対 $(\mathscr{E}, \mathscr{F})$ を $\mathscr{P}$ の**満員な旗**と呼ぶ。満員な旗 $(\mathscr{E}, \mathscr{F})$ から、四面体 $\mathrm{conv}(\{\mathbf{a}_1, \mathbf{a}_{\alpha(\mathscr{F})}\} \cup \mathscr{E})$ を作る。

**（5.8）補題　凸多面体 $\mathscr{P}$ の満員な旗から作られる四面体のすべてから成る集合は、$\mathscr{P}$ の四面体分割となる。**

一般には、頂点の異なる番号付けを使うと、異なる四面体分割となることもある。補題（5.8）の証明に深入りはせず、三角柱、正八面体、双三角錐の満員な旗から作られる四面体分割を構成し、証明の雰囲気を漂わせ、お茶を濁す。

なお、いったん、凸多面体 $\mathscr{P}$ の頂点だけを使う四面体分割の存在（すなわち、補題（5.8））がわかれば、$\mathscr{P}$ の任意の頂点を含む有限集合 $V \subset \mathscr{P}$ に関する四面体分割が存在することは、定理（1.1）の証明の後半を模倣すれば証明できる。

特に、格子凸多面体は、空の四面体から成る四面体分割を持つことが従う。格子凸多面体の空の四面体から成る四面体分割が**単模**であるとは、その四面体分割に属する任意の四面体の体積が $\frac{1}{6}$ であるときにいう。単位立方体には、単模な四面体分割も存在するし、非単模な四面体分割も存在する。

（三角柱）　三角柱（図 5-4）の四面体分割を考えよう。

まず、頂点 1 を含まない面は

$$\mathscr{F} = \mathrm{conv}(\{2,3,6,5\}),\ \mathscr{G} = \mathrm{conv}(\{4,5,6\})$$

である。

すると、満員な旗は

$$([3,6],\mathscr{F}),\ ([5,6],\mathscr{F}),\ ([5,6],\mathscr{G})$$

となる。

それゆえ、三角柱の四面体分割は 3 個の四面体

$$\mathrm{conv}(\{1,2,3,6\}),\ \mathrm{conv}(\{1,2,5,6\}),\ \mathrm{conv}(\{1,4,5,6\})$$

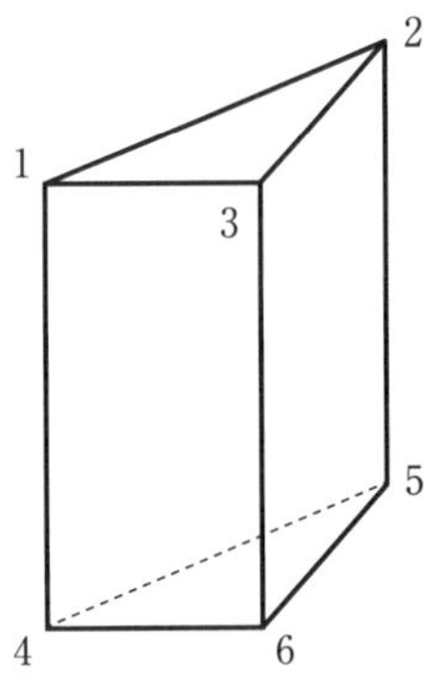


**（図 5-4）　三角柱の四面体分割**

から成る。

（正八面体）　正八面体（図 5−5）の四面体分割を考えよう。

　まず、頂点 1 を含まない面は

$$\mathscr{F}_1 = \mathrm{conv}(\{2,3,4\}), \mathscr{F}_2 = \mathrm{conv}(\{2,4,5\}),$$
$$\mathscr{F}_3 = \mathrm{conv}(\{2,5,6\}), \mathscr{F}_4 = \mathrm{conv}(\{2,3,6\})$$

である。

　すると、満員な旗は

$$([3,4],\mathscr{F}_1), ([4,5],\mathscr{F}_2), ([5,6],\mathscr{F}_3), ([3,6],\mathscr{F}_4)$$

となる。

　それゆえ、正八面体の四面体分割は 4 個の四面体

$$\mathrm{conv}(\{1,2,3,4\}), \mathrm{conv}(\{1,2,4,5\}),$$

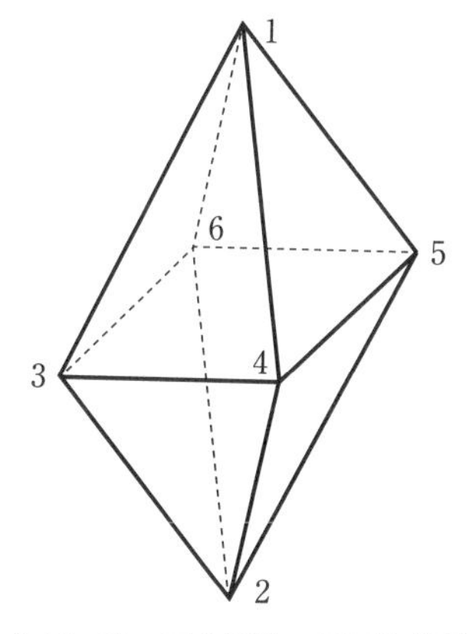


**（図 5−5）　正八面体の四面体分割**

$$\mathrm{conv}(\{1,2,5,6\}),\mathrm{conv}(\{1,2,3,6\})$$

から成る。

(双三角錐)　双三角錐（図 5−6）の四面体分割を考えよう。

まず、頂点 1 を含まない面は

$$\mathscr{F}=\mathrm{conv}(\{2,3,4\}),\ \mathscr{G}=\mathrm{conv}(\{2,3,5\})$$

である。

すると、満員な旗は

$$([3,4],\mathscr{F}),\ ([3,5],\mathscr{G})$$

となる。

それゆえ、双三角錐の四面体分割は 2 個の四面体

$$\mathrm{conv}(\{1,2,3,4\}),\ \mathrm{conv}(\{1,2,3,5\})$$

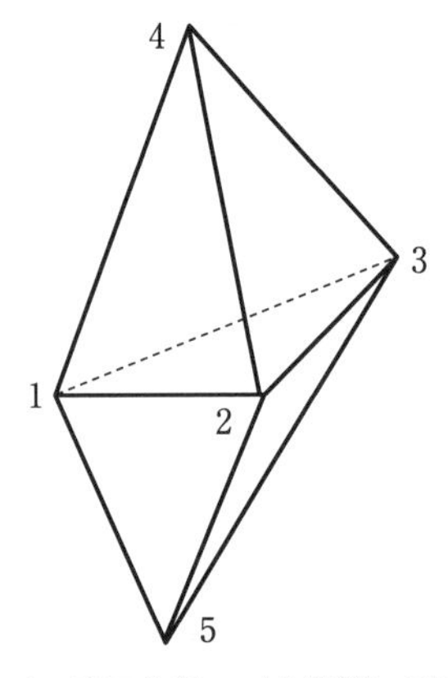


**（図 5−6）　双三角錐の（非単模）四面体分割**

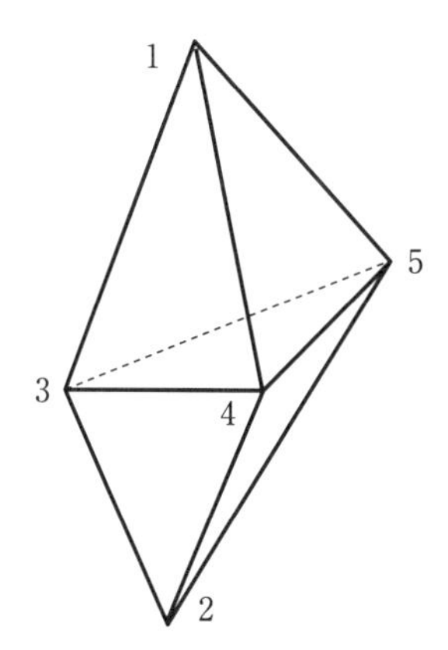


（図 5−7）　双三角錐の（単模）四面体分割

から成る。

頂点の番号を入れ替え、双三角錐（図 5−7）を考えると、満員な旗は 3 個あり、四面体分割は 3 個の四面体

$$\mathrm{conv}(\{1,2,3,4\}), \mathrm{conv}(\{1,2,3,5\}), \mathrm{conv}(\{1,2,4,5\})$$

から成る。

以上の四面体分割を、頂点が

$$(0,0,0), (1,1,0), (1,0,1), (0,1,1), (1,1,1)$$

の格子双三角錐の空の四面体から成る四面体分割とすると、前者は非単模であるが、後者は単模である。

余談である。補題（5.8）は、次元 $d \geq 4$ の凸多面体にも自然に一般化される。拙著『可換代数と組合せ論』（シュプリンガー・フェアラーク東京、1995 年 4 月）を執筆した頃、著者は、一般次元の凸多面体の三角形分割のことを詳しくは知らなかった。拙著の 107 ページの命題（の証明の前半部分）は、補題（5.8）の一般化の紹介であるが、記憶を辿ると、おそらく、［R. P. Stanley, Decompositions of rational convex polytopes, *Annals of Discrete Math.* 6 (1980), 333–342］から抜粋したものだっただろう。著者が一般次元の三角形分割をちゃんと認識したのは、それから少し後、正則三角形分割* とグレブナー基底の概念に遭遇したときである。グレブナー基底の魅惑の世界は、［JST CREST 日比チーム（編）『グレブナー道場』共立出版、2011 年 9 月］に、その奥義とともに紹介されている。グレブナー基底とは、多変数の多項式 $f$ を複数個の多項式 $g_1, g_2, \cdots, g_s$ で割り算をする際のその割り算がうまくできるようにするものであり、連立方程式を解くときに有効な道具である。連立方程式を解くという視点からのグレブナー基底の入門は、日本数学会の市民講演会の解説記事［丸山正樹、多項式の連立方程式を扱う魔術―グレブナー基底―、数学通信、第 3 巻第 3 号、1998 年］を参照されたい。グレブナー基底は、多項式環のイデアルの際立った生成系とも解釈でき、特に、そのイデアルがトーリックイデアルと呼ばれる類であるとき、グレブナー基底が凸多面体の三角形分割の研究にきわめて有益となる。

---

* I. M. Gelfand, M. M. Kapranov and A. V. Zelevinsky, "Discriminants, Resultants, and Multidimensional Determinants," Birkhäuser, 1994；B. Sturmfels, "Gröbner Bases and Convex Polytopes," Amer. Math. Soc., 1996.

**Memo**

$xy$ 平面の格子凸多角形 $\mathscr{P}$ の境界に属する格子点の個数 $b(\mathscr{P})$ と内部に含まれる格子点の個数 $c(\mathscr{P})$ の相互関係は、第 3 章の Memo で紹介したスコットの定理からわかっている。すると、$c(\mathscr{P})$ と $\mathscr{P}$ の面積 $A(\mathscr{P})$ の相互関係もわかっている。特に、$c \geq 1$ を固定するとき、$c(\mathscr{P}) = c$ となる $\mathscr{P}$ の面積 $A(\mathscr{P})$ の上限もわかっている。

それでは、$xyz$ 空間の格子凸多面体 $\mathscr{P}$ の内部に含まれる格子点の個数 $c \geq 0$ を固定するとき、$c(\mathscr{P}) = c$ となる $\mathscr{P}$ の体積 $A(\mathscr{P})$ の上限は既知であろうか。なお、空の四面体の体積の上限はないのだから、特に、$c = 0$ ならば、$A(\mathscr{P})$ の上限はない。次に、$c = 1$ とすると、$A(\mathscr{P})$ の上限は 72 であることが知られている。さらに、$c = 2$ とすると、$A(\mathscr{P})$ の上限は 108 であることが知られている。一般に、$A(\mathscr{P})$ の上限は $36(c+1)$ と予想されているが、$c \geq 3$ のときは未解決である。

いうまでもなく、$xyz$ 空間の格子凸多面体 $\mathscr{P}$ に付随する整数の数列*

$$(c(\mathscr{P}), b(\mathscr{P}), 6A(\mathscr{P}))$$

を完全に決定することは未解決問題である。なお、その数列を完全に決定することとは、すなわち、$xyz$ 空間の格子凸多面体のエルハート多項式を完全に決定することである。換言すると、$xyz$ 空間の格子凸多面体のエルハート多項式を完全に決定する問題は未解決問題である。$xyz$ 空間と $xy$ 平面との乖離の著しさを感じる。たかが $xyz$ 空間、されど $xyz$ 空間で

---

* $xyz$ 空間の格子凸多面体 $\mathscr{P}$ の体積 $A(\mathscr{P})$ は $\frac{1}{6}$ の整数倍である。

ある。

## 5.3 有理多角形

エルハート多項式は格子多角形（と格子凸多面体）のふくらましに含まれる格子点の数え上げの理論である。では、頂点が必ずしも格子点とは限らない多角形のときはどうなるだろうか。頂点の座標が有理数となる多角形を**有理多角形**と呼ぶ。

有理多角形 $\mathscr{P}$ の数え上げ函数も格子多角形のときを踏襲し、$\mathscr{P}$ の $N$ 番目のふくらまし $N\mathscr{P}$ に属する格子点の個数を $i(\mathscr{P},N)$ とし、$N\mathscr{P}$ の内部に属する格子点の個数を $i^*(\mathscr{P},N)$ とする。

有理多角形の数え上げ函数の一般論を証明も含めて紹介すると煩雑になる。簡単な例を計算し、その現象を眺めることだけにしよう。

もっとも簡単な例を挙げよう。頂点が

$$(0,0),\ \left(\frac{1}{2},0\right),\ \left(0,\frac{1}{2}\right),\ \left(\frac{1}{2},\frac{1}{2}\right)$$

となる正方形を $\mathscr{P}$ とし、頂点が

$$(0,0),\ (1,0),\ (0,1),\ (1,1)$$

となる単位正方形を $\mathscr{Q}$ とする。すると、

$$i(\mathscr{P},2N) = i(\mathscr{Q},N) = (N+1)^2, \quad N = 1,2,\cdots$$
$$i(\mathscr{P},2N-1) = i(\mathscr{Q},N-1) = N^2, \quad N = 1,2,\cdots$$

となる。すなわち、

$$N が偶数ならば \quad i(\mathscr{P}, N) = \left(\frac{N+2}{2}\right)^2$$
$$N が奇数ならば \quad i(\mathscr{P}, N) = \left(\frac{N+1}{2}\right)^2$$

となる。

換言すると、$i(\mathscr{P}, N)$ は多項式ではないけど、偶数だけ、奇数だけに制限すると多項式になる。さらに、$\mathscr{P}$ のふくらましの内部に属する格子点の個数は

$$i^*(\mathscr{P}, 2N) = i^*(\mathscr{P}, 2N-1) = (N-1)^2, \ \ N = 1, 2, \cdots$$

となる。すなわち、

$$N が偶数ならば \quad i^*(\mathscr{P}, N) = \left(\frac{N-2}{2}\right)^2$$
$$N が奇数ならば \quad i^*(\mathscr{P}, N) = \left(\frac{N-1}{2}\right)^2$$

となる。

**定義**　**一般に、函数 $f(N)$ が $N$ に関する擬周期 $q$ の擬多項式であるとは、$q$ 個の多項式 $f_0(N), f_1(N), \cdots, f_{q-1}(N)$ を使うと**

$$f(N) = f_i(N), \ \ N \equiv i \pmod{q}$$

**と表示されるときにいう。ただし、$N \equiv i \pmod{q}$ とは、$N$ を $q$ で割ったときの余りが $i$ になる、ということである。**

有理三角形 $\mathscr{P}$ の頂点を

$$(0,0),\ \left(\frac{1}{3},0\right),\ (1,1)$$

とすると、その数え上げ函数は

$$i(\mathscr{P},3N)=\frac{3N^2+5N+2}{2}$$
$$i(\mathscr{P},3N-1)=\frac{3N(N+1)}{2}$$
$$i(\mathscr{P},3N-2)=\frac{3N^2+N}{2}$$

となるから、$i(\mathscr{P},N)$ は擬周期 3 の擬多項式である。

有理多角形の数え上げ函数は、もちろん、有理凸多面体の数え上げ函数に一般化される。風流な例を挙げよう。$xyz$ 空間の四角錐 $\mathscr{P}$ の頂点を

$$(0,0,0),(1,0,0),(0,1,0),(1,1,0),\left(\frac{1}{2},0,\frac{1}{2}\right)$$

とする。すると、数え上げ函数 $i(\mathscr{P},N)$ は擬周期 2 の擬多項式である、と邪推するが、そうはならない。偶然であろうが

$$i(\mathscr{P},N)=\frac{1}{6}(N+3)(N+2)(N+1)$$

と $N$ の多項式である。ちょっとびっくりする事実である。

随分と昔のことであるが、有理凸多面体で、その数え上げ函数が（擬多項式ではなく、ちゃんとしている）多項式となるのはどのようなときか、という問いを、しばらくの間、考えたことがある。結局、何も結果を得ることができず、やめてしまったが、興味深い結果が得られれば、それなりの研究論文になるかもしれない。

**●付録●**

凸多面体の四面体分割の存在を礎とし、定理（5.5）を証明しよう。

（第 1 段）まず、$\mathscr{P}$ が格子四面体であるとき、数え上げ函数 $i(\mathscr{P},N)$ と $i^*(\mathscr{P},N)$ を計算する。格子四面体 $\mathscr{P}$ を平行移動して、原点 $\mathbf{0}$ をその頂点としてもよい。

実際、格子点 $\xi$ を $\mathscr{P}$ の頂点とするとき、$\mathscr{P}$ の平行移動

$$\mathscr{Q} = \mathscr{P} - \xi = \{w - \xi : w \in \mathscr{P}\}$$

のふくらまし $N\mathscr{Q}$ に属する格子点の個数と $N\mathscr{P}$ に属する格子点の個数は等しい。もちろん、$N(\mathscr{Q} \setminus \partial\mathscr{Q})$ に属する格子点の個数と $N(\mathscr{P} \setminus \partial\mathscr{P})$ に属する格子点の個数も等しい。なぜならば

$$N\mathscr{Q} = N\mathscr{P} - N\xi$$

であるから。ただし、$\partial\mathscr{P}$ は $\mathscr{P}$ の境界、すなわち $\mathscr{P}$ の面の和集合を表す。すると $\mathscr{P} \setminus \partial\mathscr{P}$ は $\mathscr{P}$ から $\partial\mathscr{P}$ を除いたものであるから、$\mathscr{P}$ の内部である。

（ア）格子四面体 $\mathscr{P}$ の頂点を

$$\mathbf{0}, \mathbf{x}, \mathbf{y}, \mathbf{z}$$

とする。

（イ）数学 B の空間ベクトルの基本事項

- 任意の $\alpha \in \mathscr{P}$ は $\alpha = s\mathbf{x} + t\mathbf{y} + u\mathbf{z}$

$$s \geq 0, t \geq 0, u \geq 0, \ \ s + t + u \leq 1$$

なる**一意的な表示**を持つ。

- 任意の $\alpha \in \mathscr{P} \setminus \partial \mathscr{P}$ は $\alpha = s\mathbf{x} + t\mathbf{y} + u\mathbf{z}$

$$s > 0, t > 0, u > 0, \ \ s + t + u < 1$$

なる**一意的な表示**を持つ。

から、

- 任意の $\alpha \in N\mathscr{P}$ は $\alpha = s\mathbf{x} + t\mathbf{y} + u\mathbf{z}$

$$s \geq 0, t \geq 0, u \geq 0, \ \ s + t + u \leq N$$

なる**一意的な表示**を持つ。

- 任意の $\alpha \in (N\mathscr{P}) \setminus \partial(N\mathscr{P})$ は $\alpha = s\mathbf{x} + t\mathbf{y} + u\mathbf{z}$

$$s > 0, t > 0, u > 0, \ \ s + t + u < N$$

なる**一意的な表示**を持つ。

が従う。

（ウ）集合 $S_i$ と $S_i^*$ を

- $i = 0, 1, 2, 3$ のとき、格子点 $\alpha \in \mathbb{Z}^3$ で

$$\alpha = s\mathbf{x} + t\mathbf{y} + u\mathbf{z},$$
$$0 \leq s, t, u < 1, \ \ i - 1 < s + t + u \leq i$$

と表示されるものの全体から成る集合を $S_i$

- $i = 1, 2, 3, 4$ のとき、格子点 $\alpha \in \mathbb{Z}^3$ で

$$\alpha = s\mathbf{x} + t\mathbf{y} + u\mathbf{z},$$
$$0 < s, t, u \leq 1, \ \ i - 1 \leq s + t + u < i$$

と表示されるものの全体から成る集合を $S_i^*$

と、それぞれ、定義する。

（エ）一般に、実数 $s$ と整数 $n$ と整数 $m$ が

$$n \leq s < n+1,\ \ m-1 < s \leq m$$

を満たすとき、

$$\lfloor s \rfloor = n,\ \ \lceil s \rceil = m$$

と定義する。すると、

$$0 \leq s - \lfloor s \rfloor < 1,\ \ 0 < s - (\lceil s \rceil - 1) \leq 1$$

となる。

（オ）格子点 $\alpha \in N\mathscr{P} \cap \mathbb{Z}^3$ を

$$\begin{aligned}\alpha &= s\mathbf{x} + t\mathbf{y} + u\mathbf{z} \\ &= \lfloor s \rfloor \mathbf{x} + \lfloor t \rfloor \mathbf{y} + \lfloor u \rfloor \mathbf{z} \\ &\quad + (s - \lfloor s \rfloor)\mathbf{x} + (t - \lfloor t \rfloor)\mathbf{y} + (u - \lfloor u \rfloor)\mathbf{z}\end{aligned}$$

と表示する。ただし、

$$s \geq 0, t \geq 0, u \geq 0, s+t+u \leq N$$

である。格子点 $\mathbf{v}$ を

$$\mathbf{v} = (s - \lfloor s \rfloor)\mathbf{x} + (t - \lfloor t \rfloor)\mathbf{y} + (u - \lfloor u \rfloor)\mathbf{z}$$

と置くと、

$$0 \leq s - \lfloor s \rfloor, t - \lfloor t \rfloor, u - \lfloor u \rfloor < 1$$

だから、

$$\mathbf{v} \in S_0 \cup S_1 \cup S_2 \cup S_3$$

となる。

（カ）格子点 $\beta \in N(\mathscr{P} \setminus \partial \mathscr{P}) \cap \mathbb{Z}^3$ を

$$\begin{aligned}\beta &= s\mathbf{x} + t\mathbf{y} + u\mathbf{z} \\ &= (\lceil s \rceil - 1)\mathbf{x} + (\lceil t \rceil - 1)\mathbf{y} + (\lceil u \rceil - 1)\mathbf{z} \\ &\quad + (s - (\lceil s \rceil - 1))\mathbf{x} + (t - (\lceil t \rceil - 1))\mathbf{y} + (u - (\lceil u \rceil - 1))\mathbf{z}\end{aligned}$$

と表示する。ただし、

$$s > 0, t > 0, u > 0, s + t + u < N$$

である。格子点 $\mathbf{v}^*$ を

$$\mathbf{v}^* = (s - (\lceil s \rceil - 1))\mathbf{x} + (t - (\lceil t \rceil - 1))\mathbf{y} + (u - (\lceil u \rceil - 1))\mathbf{z}$$

と置くと、

$$0 < s - (\lceil s \rceil - 1), t - (\lceil t \rceil - 1), u - (\lceil u \rceil - 1) \leq 1$$

だから、

$$\mathbf{v}^* \in S_1^* \cup S_2^* \cup S_3^* \cup S_4^*$$

となる。

（キ）格子点 $\alpha \in N\mathscr{P} \cap \mathbb{Z}^3$ は

$$\alpha = p\mathbf{x} + q\mathbf{y} + r\mathbf{z} + \mathbf{v}$$

なる**一意的な表示**を持つ。ただし、

- $p, q, r$ は非負整数

- $\mathbf{v} \in S_0 \cup S_1 \cup S_2 \cup S_3$
- $\mathbf{v} \in S_i$ ならば

$$p+q+r+i \leq N$$

　である。

（ク）格子点 $\beta \in N(\mathscr{P} \setminus \partial\mathscr{P}) \cap \mathbb{Z}^3$ は

$$\beta = p\mathbf{x} + q\mathbf{y} + r\mathbf{z} + \mathbf{v}^*$$

なる**一意的な表示**を持つ。ただし、

- $p, q, r$ は非負整数
- $\mathbf{v}^* \in S_1^* \cup S_2^* \cup S_3^* \cup S_4^*$
- $\mathbf{v}^* \in S_i^*$ ならば

$$p+q+r+i \leq N$$

　である。

（ケ）次に、

$$|S_i^*| = |S_{4-i}|, \quad i = 1, 2, 3, 4, \tag{11}$$

を示す。実際、

$$\mathbf{v}_0 = \mathbf{x} + \mathbf{y} + \mathbf{z}$$

とすると、

$$i-1 \leq s+t+u < i$$

と

$$3-i < 3-(s+t+u) \leq 4-i$$

は同値であるから

$$\alpha \in S_i^*$$

と

$$\mathbf{v}_0 - \alpha \in S_{4-i}$$

は同値である。

　以上の準備を踏まえ、数え上げ函数 $i(\mathscr{P}, N)$ と $i^*(\mathscr{P}, N)$ を計算しよう。

（コ）格子点 $\mathbf{v} \in S_i$ を固定すると、（キ）の格子点 $\alpha$ の個数は、$p, q, r$ の 1 次不等式

$$p + q + r \leq N - i$$

の非負整数解の個数、すなわち、

$$\binom{4 + (N-i) - 1}{N-i} = \binom{N + (3-i)}{3}$$

である*から

$$\frac{1}{6}(N-i+3)(N-i+2)(N-i+1)$$

である。すると、

$$\mathbf{v} \in S_0 \cup S_1 \cup S_2 \cup S_3$$

を動かすと

$$i(\mathscr{P}, N) = \frac{1}{6}\sum_{i=0}^{3} |S_i|(N-i+3)(N-i+2)(N-i+1) \quad (12)$$

となる。ここで、$|S_0| = 1$ を代入すると

---

* 一般に、$n$ 個のものから $r$ 個を選ぶ組合せの個数を $\binom{n}{r}$ と表す。

$$i(\mathscr{P},N) = \frac{1}{6}\big((N+3)(N+2)(N+1) \\ + |S_1|(N+2)(N+1)N \\ + |S_2|(N+1)N(N-1) \\ + |S_3|N(N-1)(N-2)\big)$$

となる。したがって、数え上げ函数 $i(\mathscr{P},N)$ は、$N$ に関する 3 次の多項式であり、その定数項は 1 である。

（サ）格子点 $\mathbf{v}^* \in S_i^*$ を固定すると、（ク）の格子点 $\beta$ の個数は、$p,q,r$ の 1 次不等式

$$p+q+r \leq N-i$$

の非負整数解の個数、すなわち、

$$\binom{4+(N-i)-1}{N-i} = \binom{N+(3-i)}{3}$$

であるから

$$\frac{1}{6}(N-i+3)(N-i+2)(N-i+1)$$

である。すると、

$$\mathbf{v} \in S_0 \cup S_1 \cup S_2 \cup S_3$$

を動かすと

$$i^*(\mathscr{P},N) = \frac{1}{6}\sum_{i=1}^{4}|S_i^*|(N-i+3)(N-i+2)(N-i+1) \quad (13)$$

となる。

（シ）等式 (13) と（ケ）の (11) から

$$\begin{aligned} i^*(\mathscr{P},N) &= \frac{1}{6}\sum_{i=1}^{4}|S_{4-i}|(N-i+3)(N-i+2)(N-i+1) \\ &= \frac{1}{6}\sum_{i=0}^{3}|S_i|(N+i-1)(N+i-2)(N+i-3) \end{aligned}$$

となる。等式 (12) から

$$i(\mathscr{P},-N) = -\frac{1}{6}\sum_{i=0}^{3}|S_i|(N+i-3)(N+i-2)(N+i-1)$$

となる。すると、

$$i^*(\mathscr{P},N) = (-1)^3 i(\mathscr{P},-N) \tag{14}$$

が従う。

以上、（コ）と等式 (14) から、定理（5.5）は、$\mathscr{P}$ が格子四面体のときは成立する。

(第２段) 一般の格子凸多面体 $\mathscr{P}$ の数え上げ函数 $i(\mathscr{P},N)$ と $i^*(\mathscr{P},N)$ を計算する。まず、$\mathscr{P}$ の格子四面体による四面体分割 $\Delta$ を固定し、$\Delta$ に属する格子四面体を

$$\mathscr{Q}_1, \mathscr{Q}_2, \cdots, \mathscr{Q}_q$$

とし、いずれかの $\mathscr{Q}_i$ の面となっている格子三角形を

$$\mathscr{F}_1, \mathscr{F}_2, \cdots, \mathscr{F}_f$$

とし、いずれかの $\mathscr{Q}_i$ の辺となっている格子線分を

$$\mathscr{E}_1, \mathscr{E}_2, \cdots, \mathscr{E}_e$$

とし、いずれかの $\mathscr{Q}_i$ の頂点となっている格子点を

$$\alpha_1, \alpha_2, \cdots, \alpha_v$$

とする。

（ス）格子凸多面体 $\mathscr{P}$ の数え上げ函数 $i(\mathscr{P}, N)$ は

$$\mathscr{Q}_i,\ \mathscr{F}_j,\ \mathscr{E}_k,\ \alpha_\ell$$

の内部に属する格子点の個数の総和である。すなわち、

$$i(\mathscr{P}, N) = \sum_{i=1}^{q} i^*(\mathscr{Q}_i, N) + \sum_{j=1}^{f} i^*(\mathscr{F}_j, N) + \sum_{k=1}^{e} i^*(\mathscr{E}_k, N) + \sum_{\ell=1}^{v} i^*(\alpha_\ell, N)$$

となる。ただし、

$$i(\alpha_\ell, N) = i^*(\alpha_\ell, N) = 1,\ \ N = 1, 2, \cdots$$

である。

数え上げ函数

$$i^*(\mathscr{Q}_i, N),\ i^*(\mathscr{F}_j, N),\ i^*(\mathscr{E}_k, N),\ i^*(\alpha_\ell, N)$$

は、それぞれ、$N$ に関する次数 3, 2, 1, 0 の多項式である*。すると、$i(\mathscr{P}, N)$ は $N$ に関する次数 3 の多項式である。定数項は、$i^*(\mathscr{Q}_i, N)$ と $i^*(\mathscr{E}_k, N)$ は $-1$ となり、$i^*(\mathscr{F}_j, N)$ と $i^*(\alpha_\ell, N)$ は 1 となる。すると、$i(\mathscr{P}, N)$ の定数項は

$$-q + f - e + v$$

---

＊ $xy$ 平面とは限らない、一般の平面の上の格子凸多角形についても、定理（5.2）、系（5.3）は成立する。

となる。

四面体分割 $\Delta$ の**被約オイラー標数**

$$\tilde{\chi}(\Delta) = -q + f - e + v - 1$$

は 0 である[*1]から、$i(\mathscr{P},N)$ の定数項は 1 となる。

（セ）格子凸多面体 $\mathscr{P}$ の数え上げ函数 $i^*(\mathscr{P},N)$ は

$$i(\mathscr{Q}_i,N),\ -i(\mathscr{F}_j,N),\ i(\mathscr{E}_k,N),\ -i(\alpha_\ell,N)$$

のすべての総和となる[*2]。すると、$i^*(\mathscr{P},-N)$ は

$$i(\mathscr{Q}_i,-N),\ -i(\mathscr{F}_j,-N),\ i(\mathscr{E}_k,-N),\ -i(\alpha_\ell,-N)$$

のすべての総和、すなわち、

$$-i^*(\mathscr{Q}_i,N),\ -i^*(\mathscr{F}_j,N),\ -i^*(\mathscr{E}_k,N),\ -i^*(\alpha_\ell,N)$$

のすべての総和となる。

それゆえ、（ス）の $i(\mathscr{P},N)$ の計算から

$$i^*(\mathscr{P},-N) = -i(\mathscr{P},N)$$

となるから、相互法則

$$i^*(\mathscr{P},N) = (-1)^3 i(\mathscr{P},-N)$$

が従う。■

---

＊1　被約オイラー標数の詳細は、代数的位相幾何学のテキストを参照されたい。なお、$i(\mathscr{P},N)$ の定数項が 1 になることの背景に被約オイラー標数が潜むことは着目すべき事柄であろう。

＊2　包除原理から従う。たとえば、（図 5–6）の四面体分割で確認されたい。なお、包除原理は、拙著『数え上げ数学』（朝倉書店、1997 年 2 月）などを参照されたい。

第3部

# 一般次元の凸多面体論

第3部は、一般次元の空間

$$\mathbb{R}^N = \{(x_1, x_2, \cdots, x_N) : x_i \in \mathbb{R}\},\ N = 2, 3, 4, 5, \cdots$$

を舞台とする。予備知識は、線型空間 $\mathbb{R}^N$ の初歩に馴染んでいること、距離空間 $\mathbb{R}^N$ のコンパクト集合、連続写像などの基礎を習得していることである。第1部と第2部で展開されている、平面の凸多角形は $N=2$ の世界の話、空間の凸多面体は $N=3$ の世界の話である。第4部も、$N=2$ と $N=3$ の世界の話であるから、第4部を理解するには、是が非でも、第3部を読破することが必須である、というわけではない。しかしながら、よしんば $N=2$ と $N=3$ の世界の話といえども、細かい議論が不可欠となる箇所では、やはり、一般次元の凸多面体論を理解していることが望ましい。

凸多面体論の古典的な名著［B. Grünbaum, “Convex Polytopes,” Second Ed., Graduate Texts in Math. 221, Springer, 2003］を眺めると、凸多面体を導入する準備として、まず、凸集合の一般論が展開されている。その名著にならい、凸集合の舞台から幕を開け、その後、凸多面体を登壇させる。

# 第6章

# 凸集合と凸多面体

## 6.1 凸集合

### a) 定義と諸例

一般の次元の空間

$$\mathbb{R}^N = \{ (x_1, x_2, \cdots, x_N) : x_i \in \mathbb{R} \}, \ N = 2, 3, 4, 5, \cdots$$

を舞台とする。

空間 $\mathbb{R}^N$ の点 $\mathbf{x} = (x_1, x_2, \cdots, x_N)$ と $\mathbf{y} = (y_1, y_2, \cdots, y_N)$ の**内積**を

$$\langle \mathbf{x}, \mathbf{y} \rangle = x_1 y_1 + x_2 y_2 + \cdots + x_N y_N$$

と定義し、**距離**を

$$|\mathbf{x} - \mathbf{y}| = \sqrt{(x_1 - y_1)^2 + (x_2 - y_2)^2 + \cdots + (x_N - y_N)^2}$$

と定義する。

空間 $\mathbb{R}^N$ の点 $\mathbf{x}$ と $\mathbf{y}$ を結ぶ**線分**とは、空間 $\mathbb{R}^N$ の部分集合

$$[\mathbf{x}, \mathbf{y}] = \{ t\mathbf{x} + (1-t)\mathbf{y} : 0 \leq t \leq 1 \}$$

のことである。なお、$\mathbf{x}$ と $\mathbf{y}$ を線分 $[\mathbf{x}, \mathbf{y}]$ の**端点**と呼ぶ。

**定義**　**空間 $\mathbb{R}^N$ の部分集合 $\mathscr{A}$ が凸集合であるとは、$\mathscr{A}$ に属する任意の点 $\mathbf{x}$ と任意の点 $\mathbf{y}$ を結ぶ線分 $[\mathbf{x},\mathbf{y}]$ が $\mathscr{A}$ に含まれるときにいう。ただし、$\mathscr{A}$ は空集合ではないとする。**

- 点 $\mathbf{a} \in \mathbb{R}^N$ を中心とする半径 $r > 0$ の**球体**

$$\mathbb{B}_r(\mathbf{a}) = \{\mathbf{x} \in \mathbb{R}^N : |\mathbf{x} - \mathbf{a}| \leq r\}$$

　は凸集合である。

- 点 $\mathbf{a} \in \mathbb{R}^N$ を中心とする半径 $r > 0$ の**球面**

$$\mathbb{S}_r(\mathbf{a}) = \{\mathbf{x} \in \mathbb{R}^N : |\mathbf{x} - \mathbf{a}| = r\}$$

　は凸集合ではない。

一般に、集合 $X$ と $Y$ があるとき、$X$ に属するが $Y$ に属さない元の全体から成る集合を $X \setminus Y$ と表す。ただし、$Y$ は $X$ の部分集合であるとは限らない。

- 球体から球面を除去したもの

$$\mathbb{B}_r(\mathbf{a}) \setminus \mathbb{S}_r(\mathbf{a}) = \{\mathbf{x} \in \mathbb{R}^N : |\mathbf{x} - \mathbf{a}| < r\}$$

　も凸集合である。

凸集合 $\mathscr{A} \subset \mathbb{R}^N$ とは、球体を窪まないようにふくらましたり、窪まないようにへこませたりしたようなイメージであろうか。けれども、ペシャンコにつぶれたような凸集合もあるし、あるいは、どこまでも無限に伸びるような凸集合もある。そもそも、空間 $\mathbb{R}^N$ は凸集合であるし、線分 $[\mathbf{x},\mathbf{y}]$ も凸集合である。一点 $\mathbf{x}$ から成る集合 $\{\mathbf{x}\}$ も凸集合と解釈する。

- 空間 $\mathbb{R}^N$ の点 $\mathbf{x}$ と $\mathbf{y}$ を通る**直線**

  $$\mathscr{L} = \{t\mathbf{x} + (1-t)\mathbf{y} : t \in \mathbb{R}\}$$

  も、凸集合である。

空間 $\mathbb{R}^N$ の**超平面**とは、実数 $a_1, \cdots, a_N$ と $b$ を使い、

$$\mathscr{H} = \{(x_1, \cdots, x_N) \in \mathbb{R}^N : a_1x_1 + \cdots + a_Nx_N = b\}$$

と表示される集合 $\mathscr{H} \subset \mathbb{R}^N$ のことである。ただし、

$$(a_1, \cdots, a_N) \neq (0, \cdots, 0)$$

である。方程式

$$a_1x_1 + \cdots + a_Nx_N = b$$

を超平面 $\mathscr{H}$ の**定義方程式**と呼ぶ。誤解がなければ、簡単に、超平面 $a_1x_1 + \cdots + a_Nx_N = b$ ということもある。

- 超平面 $a_1x_1 + \cdots + a_Nx_N = b$ は凸集合である。
- 円錐

  $$\{(x_1, \cdots, x_N) \in \mathbb{R}^N : x_1^2 + \cdots + x_{N-1}^2 \leq x_N^2, x_N \geq 0\}$$

  は凸集合である。
- **開線分**

  $$(\mathbf{x}, \mathbf{y}) = \{t\mathbf{x} + (1-t)\mathbf{y} : 0 < t < 1\}$$

  と**半開線分**

  $$(\mathbf{x}, \mathbf{y}] = \{t\mathbf{x} + (1-t)\mathbf{y} : 0 < t \leq 1\}$$

$$[\mathbf{x},\mathbf{y}) = \{ t\mathbf{x} + (1-t)\mathbf{y} : 0 \leq t < 1 \}$$

も凸集合である。

## b) 次元

凸集合の次元の概念を導入する。

- 空間 $\mathbb{R}^N$ の点 $\mathbf{a}_0, \mathbf{a}_1, \cdots, \mathbf{a}_s$ が**アフィン独立**であるとは

$$\lambda_0 \mathbf{a}_0 + \lambda_1 \mathbf{a}_1 + \cdots + \lambda_s \mathbf{a}_s = \mathbf{0}$$

$$\lambda_0 + \lambda_1 + \cdots + \lambda_s = 0$$

$$\lambda_i \in \mathbb{R}, \ i = 0, 1, \cdots, s$$

となるのは

$$\lambda_0 = \lambda_1 = \cdots = \lambda_s = 0$$

のときに限るときにいう。なお、$\mathbf{0}$ は空間 $\mathbb{R}^N$ の**原点**

$$\mathbf{0} = (0, 0, \cdots, 0)$$

である。

- すると、$\mathbf{a}_0, \mathbf{a}_1, \cdots, \mathbf{a}_s$ がアフィン独立であることと

$$\mathbf{a}_1 - \mathbf{a}_0, \mathbf{a}_2 - \mathbf{a}_0, \cdots, \mathbf{a}_s - \mathbf{a}_0$$

が線型独立であることは同値である。

**定義　凸集合 $\mathscr{A} \subset \mathbb{R}^N$ に含まれるアフィン独立な点の最大個数を $d$ とするとき、$d-1$ を $\mathscr{A}$ の次元と定義する。**

- 球体 $\mathbb{B}_r(\mathbf{a})$ の次元は $N$ である。
- 平面 $a_1x_1 + \cdots + a_Nx_N = b$ の次元は $N-1$ である。

- $xy$ 平面 $\mathbb{R}^2$ の凸多角形の次元は 2 である。$xyz$ 空間 $\mathbb{R}^3$ の凸多面体の次元は 3 である。
- 直線も、線分も、開線分も、半開線分も、それらの次元は 1 である。**半直線**

$$\mathscr{L}' = \{t\mathbf{x} + (1-t)\mathbf{y} : t \geq 0\}$$

も、次元 1 の凸集合である。
- 便宜上、一点のみから成る凸集合の次元は 0 とする。

### c) アフィン部分空間

空間 $\mathbb{R}^N$ の線型部分空間 $W$ は凸集合である。凸集合 $W$ の次元は、$W$ の線型空間としての次元と一致する。

[証明] まず、$W$ が凸集合であることは、$\mathbf{x}, \mathbf{y} \in W, t \in \mathbb{R}$ ならば、$t\mathbf{x}, (1-t)\mathbf{y} \in W$ であるから、$t\mathbf{x} + (1-t)\mathbf{y} \in W$ であることから従う。次に、線型空間 $W$ の次元を $d$ とし、$W$ から線型独立な点 $\mathbf{a}_1, \mathbf{a}_2, \cdots, \mathbf{a}_d$ を選ぶと、$\mathbf{0}, \mathbf{a}_1, \mathbf{a}_2, \cdots, \mathbf{a}_d$ はアフィン独立である。すると、凸集合 $W$ の次元 $d'$ とすると、$d' \geq d$ である。逆に、凸集合 $W$ の次元が $d'$ であることから、$W$ にはアフィン独立な $d'+1$ 個の点 $\mathbf{a}_0, \mathbf{a}_1, \cdots, \mathbf{a}_{d'}$ が存在する。すると、$d$ 個の点 $\mathbf{a}_1 - \mathbf{a}_0, \mathbf{a}_2 - \mathbf{a}_0, \cdots, \mathbf{a}_{d'} - \mathbf{a}_0$ は線型独立である。ここで、$W$ が線型部分空間であることから、それぞれの $\mathbf{a}_i - \mathbf{a}_0$ は $W$ に属する。すると、$d \geq d'$ である。以上の結果、$d = d'$ が従う。■

空間 $\mathbb{R}^N$ の線型部分空間 $W$ を平行移動したもの

$$W + \mathbf{a} = \{\mathbf{x} + \mathbf{a} : \mathbf{x} \in W\}$$

も凸集合である。凸集合 $W+\mathbf{a}$ の次元も、$W$ の線型空間としての次元と一致する。ただし、$\mathbf{a}\in\mathbb{R}^N$ である。

一般に、凸集合 $\mathscr{A}\subset\mathbb{R}^N$ を平行移動したもの $\mathscr{A}+\mathbf{a}$ も凸集合である。凸集合 $\mathscr{A}+\mathbf{a}$ の次元は、凸集合 $\mathscr{A}$ の次元と一致する。

空間 $\mathbb{R}^N$ の線型部分空間を平行移動したものを、空間 $\mathbb{R}^N$ の**アフィン部分空間**と呼ぶ*1。アフィン部分空間の次元とは、その凸集合としての次元のことである。

- $xy$ 平面 $\mathbb{R}^2$ の線型部分空間は、$\mathbb{R}^2$ と $\{(0,0)\}$ を除外すると、原点を通過する直線に限る。すると、$\mathbb{R}^2$ のアフィン部分空間は、$\mathbb{R}^2$ と一点から成るものを除外すると、直線に限る。
- $xyz$ 空間 $\mathbb{R}^3$ の線型部分空間は、$\mathbb{R}^3$ と $\{(0,0,0)\}$ を除外すると、原点を通過する直線、及び、原点を通過する（超）平面*2に限る。すると、$\mathbb{R}^3$ のアフィン部分空間は、$\mathbb{R}^3$ と一点から成るものを除外すると、直線と（超）平面に限る。

次元 $d>0$ の凸集合 $\mathscr{A}\subset\mathbb{R}^N$ がある。任意の一点 $\mathbf{a}\in\mathscr{A}$ を選び、$\mathscr{A}$ を平行移動させた凸集合 $\mathscr{A}-\mathbf{a}$ を考える。すると、$\mathscr{A}-\mathbf{a}$ は原点を含むから、$\mathscr{A}-\mathbf{a}$ を含む線型部分空間 $W$ で次元が $d$ のものが存在する。アフィン部分空間 $W+\mathbf{a}$ は

---

*1　アフィン部分空間が原点を含めば、線型部分空間である。実際、線型部分空間 $W$ を平行移動したもの $W+\mathbf{a}$ が原点を含むならば、$-\mathbf{a}\in W$ であるから、$\mathbf{a}=-(-\mathbf{a})\in W$ となる。すると、$W+\mathbf{a}=W$ である。

*2　一般に、$N=2$ のときは、超平面は直線、$N=3$ のときは、超平面は平面と呼ぶのが自然である。

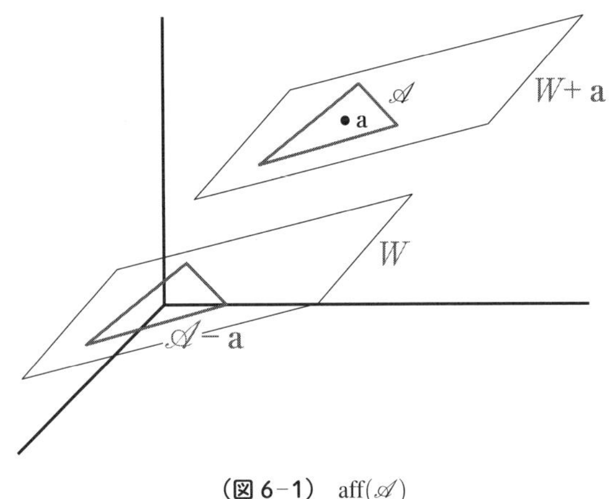


**（図 6−1）** $\mathrm{aff}(\mathscr{A})$

$\mathscr{A}$ を含み、その次元は $d$ である。アフィン部分空間 $W+\mathbf{a}$ を

$$\mathrm{aff}(\mathscr{A})$$

と表す。

もちろん、$\mathrm{aff}(\mathscr{A})$ は、点 $\mathbf{a}\in\mathscr{A}$ をどのように選んでも、変わらない。実際、$\mathbf{a}'\in\mathscr{A}$ とすると、$\mathbf{a}-\mathbf{a}'\in W$ であるから、

$$\mathscr{A}-\mathbf{a}'=(\mathscr{A}-\mathbf{a})+(\mathbf{a}-\mathbf{a}')\subset W+(\mathbf{a}-\mathbf{a}')=W$$

となる。

### d） 境界と内部

凸集合の内部と境界を定義する。

- 凸集合 $\mathscr{A}\subset\mathbb{R}^N$ の**境界**とは、条件（＊）を満たす点 $\mathbf{x}\in\mathrm{aff}(\mathscr{A})$ の全体から成る $\mathbb{R}^N$ の部分集合 $\partial\mathscr{A}$ のことで

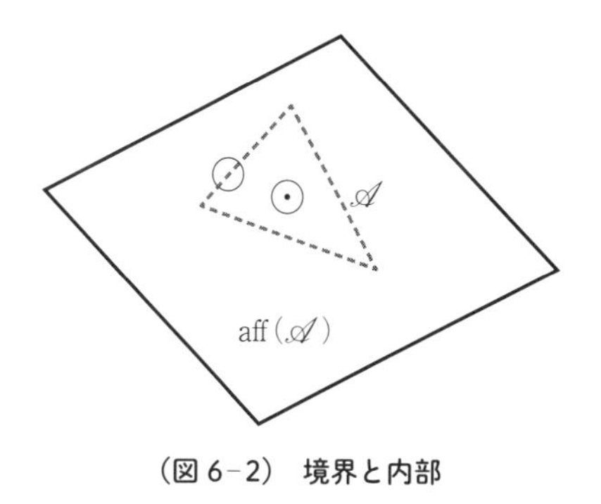


（図 6-2）　境界と内部

ある。

（＊）任意の実数 $r>0$ について

$$\mathbb{B}_r(\mathbf{x})\cap\mathscr{A}\neq\emptyset,\ \ \mathbb{B}_r(\mathbf{x})\cap(\mathrm{aff}(\mathscr{A})\setminus\mathscr{A})\neq\emptyset$$

となる。

- 集合 $\mathscr{A}\setminus\partial\mathscr{A}$ を $\mathscr{A}$ の**内部**と呼ぶ。

換言すると、凸集合 $\mathscr{A}\subset\mathbb{R}^N$ の内部とは、条件（#）を満たす点 $\mathbf{x}\in\mathscr{A}$ の全体から成る $\mathscr{A}$ の部分集合のことである。

（#）実数 $r>0$ を適当に選ぶと

$$\mathbb{B}_r(\mathbf{x})\cap\mathrm{aff}(\mathscr{A})\subset\mathscr{A}$$

となる。

凸集合の境界と内部の例を挙げよう。

- 球体 $\mathbb{B}_r(\mathbf{a})$ の境界は $\mathbb{S}_r(\mathbf{a})$ である。球体 $\mathbb{B}_r(\mathbf{a})$ の内部

は $\mathbb{B}_r(\mathbf{a}) \setminus \mathbb{S}_r(\mathbf{a})$ である。凸集合 $\mathbb{B}_r(\mathbf{a}) \setminus \mathbb{S}_r(\mathbf{a})$ の境界は $\mathbb{S}_r(\mathbf{a})$ である。その内部は $\mathbb{B}_r(\mathbf{a}) \setminus \mathbb{S}_r(\mathbf{a})$ である。

- 空間 $\mathbb{R}^N$ の境界は空集合である。空間 $\mathbb{R}^N$ の超平面の境界も空集合である。一般に、空間 $\mathbb{R}^N$ のアフィン部分空間の境界は空集合である。
- $xyz$ 空間の円錐

$$\{(x, y, z) \in \mathbb{R}^3 : x^2 + y^2 \leq z^2, z \geq 0\}$$

の境界は

$$\{(x, y, z) \in \mathbb{R}^3 : x^2 + y^2 = z^2, z \geq 0\}$$

である。
- $xyz$ 空間の円錐を平面で切ったときの切り口、たとえば、

$$\{(x, y, z) \in \mathbb{R}^3 : x^2 + y^2 \leq z^2, x + y + z = 1\}$$

の境界は、楕円

$$\{(x, y, z) \in \mathbb{R}^3 : x^2 + y^2 = z^2, x + y + z = 1\}$$

である。

凸集合 $\mathscr{A} \subset \mathbb{R}^3$ の境界 $\partial\mathscr{A}$ は $\mathscr{A}$ に含まれることもあるが、含まれないこともある。

- 線分 $[\mathbf{x}, \mathbf{y}]$ も、開線分 $(\mathbf{x}, \mathbf{y})$ も、半開線分 $(\mathbf{x}, \mathbf{y}]$ と $[\mathbf{x}, \mathbf{y})$ も、いずれも、境界は $\{\mathbf{x}, \mathbf{y}\}$ であり、内部は $(\mathbf{x}, \mathbf{y})$ である。
- $xyz$ 空間の不等式

$$x + y + z = 1, x \geq 0, y \geq 0, z > 0$$

を満たす点 $(x,y,z) \in \mathbb{R}^3$ の全体から成る集合 $\mathscr{A}$ は凸集合である。その境界 $\partial\mathscr{A}$ は、3 本の線分の和集合

$$[\,(1,0,0),(0,1,0)\,] \cup [\,(1,0,0),(0,0,1)\,] \cup [\,(0,1,0),(0,0,1)\,]$$

である。その内部 $\mathscr{A} \setminus \partial\mathscr{A}$ は、不等式

$$x+y+z=1,\ x>0,\ y>0,\ z>0$$

を満たす点 $(x,y,z) \in \mathbb{R}^3$ の全体から成る集合である。

**定義**　**空間 $\mathbb{R}^N$ の凸集合 $\mathscr{A}$ が閉な凸集合であるとは、**

$$\partial\mathscr{A} \subset \mathscr{A}$$

**であるときにいう。すなわち、凸集合 $\mathscr{A}$ が閉な凸集合であるとは、$\mathscr{A}$ の境界に属する任意の点は $\mathscr{A}$ に属するということである。**

- 空間 $\mathbb{R}^N$ の球体 $\mathbb{B}_r(\mathbf{a})$ は閉な凸集合である。球体 $\mathbb{B}_r(\mathbf{a})$ の内部 $\mathbb{B}_r(\mathbf{a}) \setminus \mathbb{S}_r(\mathbf{a})$ は閉ではない。
- 空間 $\mathbb{R}^N$ の境界は空集合であるから、特に、$\mathbb{R}^N$ は閉な凸集合である。超平面も閉な凸集合である。球体を超平面で切ったときの切り口も閉な凸集合である。
- 線分 $[\mathbf{x},\mathbf{y}]$ は閉な凸集合である。開線分 $(\mathbf{x},\mathbf{y})$ も、半開線分 $(\mathbf{x},\mathbf{y}]$ と $[\mathbf{x},\mathbf{y})$ も、いずれも、閉ではない。
- $xyz$ 空間の球体 $\mathbb{B}_{\sqrt{3}}((1,1,1))$ の部分集合となる凸集合

$$\{\,(x,y,z) \in \mathbb{B}_{\sqrt{3}}((1,1,1)) : x>0\,\}$$

は閉ではない。

**定義**　空間 $\mathbb{R}^N$ の凸集合 $\mathscr{A}$ が有界な凸集合であるとは、原点 $\mathbf{0}=(0,0,\cdots,0)$ を中心とする球体 $\mathbb{B}_r(\mathbf{0})$ の半径 $r>0$ を十分大きく選ぶと、$\mathscr{A}\subset\mathbb{B}_r(\mathbf{0})$ となるときにいう。

たとえば、球体、線分、開線分、半開線分などは、いずれも、有界な凸集合である。空間 $\mathbb{R}^N$ は有界ではない。直線、平面なども有界ではない。

### e)　凸閉包

空間 $\mathbb{R}^N$ の部分集合の凸閉包を定義する。

**(6.1) 補題**　空間 $\mathbb{R}^N$ の（有限個、あるいは、無限個の）凸集合 $\mathscr{A}_1,\mathscr{A}_2,\cdots,\mathscr{A}_s,\cdots$ の共通部分

$$\mathscr{A}=\mathscr{A}_1\cap\mathscr{A}_2\cap\cdots\cap\mathscr{A}_s\cap\cdots$$

は、空でなければ、凸集合である。さらに、それぞれの凸集合 $\mathscr{A}_i$ が閉であれば凸集合 $\mathscr{A}$ も閉である。

［証明］　凸集合の定義から、$\mathscr{A}$ に属する任意の点 $\mathbf{x}$ と $\mathbf{y}$ を結ぶ線分 $[\mathbf{x},\mathbf{y}]$ が $\mathscr{A}$ に含まれることをいえばよい。任意の $i=1,2,\cdots,s,\cdots$ について、$\mathbf{x}$ と $\mathbf{y}$ は $\mathscr{A}_i$ に属する。すると、$\mathscr{A}_i$ が凸集合であることから、$[\mathbf{x},\mathbf{y}]$ は $\mathscr{A}_i$ に含まれる。したがって、$[\mathbf{x},\mathbf{y}]$ は $\mathscr{A}$ に含まれる。すなわち、$\mathscr{A}$ は凸集合である。

次に、それぞれの凸集合 $\mathscr{A}_i$ が閉であるとしよう。凸集合 $\mathscr{A}$ が閉であることを示すため、$\mathbf{x}\in\partial\mathscr{A}$ とし、$r>0$ を任意の実数とする。すると、$\mathbb{B}_r(\mathbf{x})\cap\mathscr{A}\neq\emptyset$ であるから、任意の $i=1,2,\cdots,s,\cdots$ で、$\mathbb{B}_r(\mathbf{x})\cap\mathscr{A}_i\neq\emptyset$ である。このとき、

$$\mathbf{x} \in \mathrm{aff}(\mathscr{A}) \subset \mathrm{aff}(\mathscr{A}_i)$$

であることと $\mathscr{A}_i$ が閉であることから $\mathbf{x} \in \mathscr{A}_i$ が従う。すなわち、任意の $i = 1, 2, \cdots, s, \cdots$ で、$\mathbf{x} \in \mathscr{A}_i$ である。したがって、$\mathbf{x} \in \mathscr{A}$ となるから、凸集合 $\mathscr{A}$ は閉である。■

**(6.2) 系　空間 $\mathbb{R}^N$ の任意の部分集合 $V$ を固定する*。このとき、$V$ を含む最小の凸集合が存在する。**

**ただし、凸集合 $\mathscr{A}$ が $V$ を含む最小の凸集合であるとは、$V \subset \mathscr{A}$ であり、しかも、凸集合 $\mathscr{B}$ が $V$ を含めば $\mathscr{A} \subset \mathscr{B}$ であるときにいう。**

［証明］　部分集合 $V$ を含む凸集合（たとえば、空間 $\mathbb{R}^N$ は $V$ を含む凸集合）のすべてを考え、それらの共通部分を $\mathscr{A}$ とする。すなわち、

$$\mathscr{A} = \bigcap_{\mathscr{B}\text{ は }V\text{ を含む凸集合}} \mathscr{B}$$

である。すると、$V \subset \mathscr{A}$ だから、特に、$\mathscr{A}$ は空ではない。さらに、補題（6.1）から $\mathscr{A}$ は凸集合である。

いま、$V$ を含む凸集合 $\mathscr{B}'$ があれば、$\mathscr{B}'$ は $\mathscr{A}$ を定義する共通部分を構成する凸集合の一つである。すなわち

$$\mathscr{A} = \cdots \cap \mathscr{B}' \cap \cdots$$

となっていなければならない。すると、$\mathscr{A} \subset \mathscr{B}'$ である。その結果、$\mathscr{A}$ は $V$ を含む最小の凸集合となることが従う。■

**定義　系（6.2）の凸集合 $\mathscr{A}$ を $V$ の凸閉包と呼び**

---

*　ただし、$V$ は空集合ではないとする。

$$\mathrm{conv}(V)$$

と表す。

**(6.3) 定理　空間 $\mathbb{R}^N$ の任意の空でない有限集合**

$$V = \{\mathbf{a}_1, \mathbf{a}_2, \cdots, \mathbf{a}_s\}$$

**の凸閉包は**

$$\mathrm{conv}(V) = \left\{ \sum_{i=1}^{s} t_i \mathbf{a}_i : t_i \geq 0, \sum_{i=1}^{s} t_i = 1 \right\} \tag{15}$$

**である。**

［証明］　等式 (15) の右辺の集合を $W$ とする。

（第 1 段）集合 $W$ が凸集合であることを示す。

凸集合の定義から、$\sum_{i=1}^{s} t_i \mathbf{a}_i \in W$ と $\sum_{i=1}^{s} t'_i \mathbf{a}_i \in W$ を結ぶ線分

$$\left[ \sum_{i=1}^{s} t_i \mathbf{a}_i, \sum_{i=1}^{s} t'_i \mathbf{a}_i \right]$$

の任意の点

$$t \sum_{i=1}^{s} t_i \mathbf{a}_i + (1-t) \sum_{i=1}^{s} t'_i \mathbf{a}_i = \sum_{i=1}^{s} (t t_i + (1-t) t'_i) \mathbf{a}_i$$

が $W$ に属することをいえばよい。いま、

$$t t_i + (1-t) t'_i \geq 0$$

であるから、示すべきことは

$$\sum_{i=1}^{s} (t t_i + (1-t) t'_i) = 1$$

である。ところが、

$$\sum_{i=1}^{s} t_i = \sum_{i=1}^{s} t'_i = 1$$

であるから、

$$\begin{aligned}\sum_{i=1}^{s}(tt_i + (1-t)t'_i) &= t\sum_{i=1}^{s} t_i + (1-t)\sum_{i=1}^{s} t'_i \\ &= t + (1-t) = 1\end{aligned}$$

が従う。

（第 2 段）有限集合 $V$ は $W$ に含まれる。（実際、$t_i = 1$ とし、$j \neq i$ のとき $t_j = 0$ とすると、$\sum_{i=1}^{s} t_i = 1$ から、$\mathbf{a}_i = \sum_{i=1}^{s} t_i \mathbf{a}_i \in W$ となる。）すると、（第 1 段）より $W$ は $V$ を含む凸集合である。特に、$\mathrm{conv}(V) \subset W$ である。

すると、等式 (15) を示すには、凸集合 $W'$ が $V$ を含むならば $W'$ は $W$ を含むことを示せばよい。換言すると、凸集合 $W'$ が $\mathbf{a}_1, \mathbf{a}_2, \cdots, \mathbf{a}_s$ を含むならば、$t_i \geq 0, \sum_{i=1}^{s} t_i = 1$ のとき

$$\sum_{i=1}^{s} t_i \mathbf{a}_i \in W'$$

を示せばよい。以下、$s \geq 1$ に関する数学的帰納法で示す。

いま、$t_1 \neq 1$ とすると、帰納法の仮定から

$$\alpha = \frac{\sum_{i=2}^{s} t_i \mathbf{a}_i}{1 - t_1} \in W'$$

である。すると、$W'$ が $\mathbf{a}_1$ を含む凸集合であることから

$$\sum_{i=1}^{s} t_i \mathbf{a}_i = t_1 \mathbf{a}_1 + (1 - t_1)\alpha \in W'$$

となる。以上の結果、$W \subset W'$ である。■

高校数学の $xyz$ 空間の話ならば、等式 (15) の右辺の集合は、空間ベクトルを使って表示することが自然である。

すなわち、$\mathbf{x} \in \mathrm{conv}(V)$ のとき

$$\mathbf{x} = \sum_{i=1}^{s} t_i \mathbf{a}_i = \sum_{i=2}^{s} t_i(\mathbf{a}_i - \mathbf{a}_1) + \left(\sum_{i=1}^{s} t_i\right)\mathbf{a}_1$$
$$= \sum_{i=2}^{s} t_i(\mathbf{a}_i - \mathbf{a}_1) + \mathbf{a}_1$$

から

$$\mathbf{x} - \mathbf{a}_1 = \sum_{i=2}^{s} t_i(\mathbf{a}_i - \mathbf{a}_1), \quad t_i \geq 0,\ \sum_{i=2}^{s} t_i \leq 1$$

となることを踏まえると、$\mathbf{x} \in \mathrm{conv}(V)$ であることは、点 $\mathbf{a}_1$ を始点とする $\mathbf{x}$ の位置ベクトル $\overrightarrow{\mathbf{a}_1\mathbf{x}}$ が $\mathbf{a}_2, \cdots, \mathbf{a}_s$ の位置ベクトル $\overrightarrow{\mathbf{a}_1\mathbf{a}_2}, \cdots, \overrightarrow{\mathbf{a}_1\mathbf{a}_s}$ を使い、

$$\overrightarrow{\mathbf{a}_1\mathbf{x}} = \sum_{i=2}^{s} t_i \overrightarrow{\mathbf{a}_1\mathbf{a}_i}, \quad t_i \geq 0,\ \sum_{i=2}^{s} t_i \leq 1$$

と表示される。

特に、$s = 3$ のときは平面ベクトルの例題など、$s = 4$ のときは空間ベクトルの例題などに頻出する。たとえば、

【3】　点 P が △OAB の内部（周を含まない）にあるための必要十分条件は

$$\overrightarrow{OP} = a\overrightarrow{OA} + b\overrightarrow{OB},\ a > 0,\ b > 0,\ a + b < \boxed{\text{ア}}$$

であることを示そう．

（i）まず，点 P が △OAB の内部にあると仮定しよう．線分 OP の延長と辺 AB との交点を Q とする．線分 OP と線分 OQ の長さの比を $s:1$ とおけば $0 < s < \boxed{\text{イ}}$ であって，$\overrightarrow{OP} = \boxed{\text{ウ}}\overrightarrow{OQ}$ である．つぎに，線分 AQ と線分 AB の長さの比を $t:1$ とおけば，

$$\overrightarrow{OQ} = (\boxed{\text{エ}} - \boxed{\text{オ}})\overrightarrow{OA} + \boxed{\text{カ}}\overrightarrow{OB}$$

となる．したがって，

$$\overrightarrow{OP} = (\boxed{\text{キ}} - \boxed{\text{クケ}})\overrightarrow{OA} + \boxed{\text{コサ}}\overrightarrow{OB}$$

が成り立つ．そこで，

$$a = \boxed{\text{キ}} - \boxed{\text{クケ}},\ b = \boxed{\text{コサ}}$$

とおけば $a > 0$，$b > 0$，$a + b < \boxed{\text{ア}}$ となる．

（ii）逆に，$\overrightarrow{OP} = a\overrightarrow{OA} + b\overrightarrow{OB}$，$a > 0$，$b > 0$，$a + b < \boxed{\text{ア}}$ であると仮定しよう．線分 AB を $b:a$ に内分する点を R とすれば，

$$\overrightarrow{OP} = (\boxed{\text{シ}} + \boxed{\text{ス}})\overrightarrow{OR}$$

が成り立ち，$0 < \boxed{\text{シ}} + \boxed{\text{ス}} < \boxed{\text{セ}}$ であるから，P は △OAB の内部の点である．

雑談である。上の穴うめ式問題は、我が国の大学入試の歴史を彩る、国公立大学入試選抜共通第一次学力試験の記念すべき第 1 回（1979 年 1 月実施）の本試験の「数学」の第 3 問である。マークシート式の数学の試験の導入は、数学者の猛烈な反発を誘った。問題の糸口を発見する思考力、答案を作成する論理能力が育まれないなどの弊害があるからだ。問題作成委員は、そのような雰囲気に配慮し、可能な限りの論理を重視する問題を出題する努力をし、上のような証明問題も出題したと邪推する。そのような問題作成委員の努力は、もちろん、踏襲されるべきものであるが、大学入学者選抜大学入試センター試験の数学の問題は、後になって、どう評価されるであろうか。2021 年から始まる「大学入学共通テスト」の試行調査の数学の問題だと、正弦定理の証明も含まれている。

共通一次試験が導入される以前は、国立一期校、国立二期校の時代であり、それぞれの大学が独自の試験問題を出題し、

学力試験を実施していた。しかしながら、高校教育の範囲を逸脱する、いわゆる奇問、あるいは、難問の出題が珍しくなく、高等学校の教育への悪影響が憂慮される、との批判も聞かれ、その憂慮を払拭することが、共通一次試験の導入の契機となった。けれども、数学に限っていうならば、高校数学の範囲を越える受験数学の問題（は、それが思考力を育む卓越した問題であるならば、そのような問題）に挑戦する学力を鍛えることは、高校数学と大学数学のギャップを克服する役目を果たし、大学入学後の数学教育を円滑に進めるための盤石な土台となっていたことも、事実である。

#### f） 支持超平面

定義方程式 $a_1x_1+\cdots+a_Nx_N=b$ の超平面 $\mathscr{H}\subset\mathbb{R}^N$ が定義する**閉半空間**とは、空間 $\mathbb{R}^N$ の部分集合

$$\mathscr{H}^{(+)}=\{(x_1,\cdots,x_N)\in\mathbb{R}^N;a_1x_1+\cdots+a_Nx_N\geq b\}$$

$$\mathscr{H}^{(-)}=\{(x_1,\cdots,x_N)\in\mathbb{R}^N;a_1x_1+\cdots+a_Nx_N\leq b\}$$

のことである。閉半空間は、閉な凸集合である。すると、

$$\mathscr{H}^{(+)}\cap\mathscr{H}^{(-)}=\mathscr{H}$$

である。

なお、

$$\mathscr{H}^{(+)}\setminus\mathscr{H}=\{(x_1,\cdots,x_N)\in\mathbb{R}^N;a_1x_1+\cdots+a_Nx_N>b\}$$

$$\mathscr{H}^{(-)}\setminus\mathscr{H}=\{(x_1,\cdots,x_N)\in\mathbb{R}^N;a_1x_1+\cdots+a_Nx_N<b\}$$

を**開半空間**と呼ぶこともある。それらの境界は

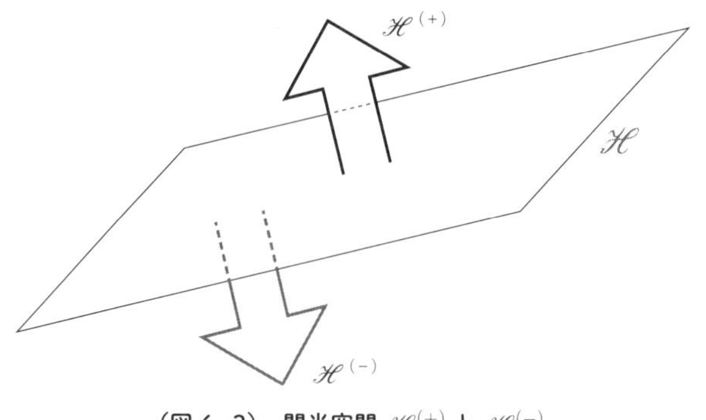


**(図 6-3)　閉半空間 $\mathscr{H}^{(+)}$ と $\mathscr{H}^{(-)}$**

$$\partial(\mathscr{H}^{(+)} \setminus \mathscr{H}) = \partial(\mathscr{H}^{(-)} \setminus \mathscr{H}) = \mathscr{H}$$

である。

凸集合が有界であり、しかも、閉であるとき、**有界閉凸集合**という。有界閉凸集合の支持超平面（supporting hyperplane）を導入する*。なお、支持超平面は、一般の凸集合に対してではなく、有界閉凸集合のみに限って定義する。支持超平面の概念は、凸集合の一般論を展開するときの礎となる。

**定義　空間 $\mathbb{R}^N$ の有界閉凸集合 $\mathscr{A}$ の支持超平面とは、空間 $\mathbb{R}^N$ の平面 $\mathscr{H}$ で、条件**

- $\mathscr{A} \subset \mathscr{H}^{(+)}$
- $\mathscr{A} \cap \mathscr{H} \neq \emptyset,\ \ \mathscr{A} \cap \mathscr{H} \neq \mathscr{A}$

---

* supporting hyperplane は支持超平面と訳するが、$xyz$ 空間ならば、単に、支持平面とするのが妥当であろう。

**を満たすものをいう。**

有界閉凸集合の支持超平面の例を挙げよう。

- $xyz$ 空間の不等式

$$x \geq 0$$
$$y \geq 0$$
$$x + y \leq 1$$
$$0 \leq z \leq 2$$

  を満たす点 $(x, y, z) \in \mathbb{R}^3$ の全体から成る三角柱 $\mathscr{A}$ は有界閉凸集合である。(超) 平面 $\mathscr{H} \subset \mathbb{R}^3$ が $\mathscr{A}$ の支持 (超) 平面ならば、$\mathscr{A} \cap \mathscr{H}$ は、一点から成るか、線分であるか、あるいは、長方形、三角形である。
- 空間 $\mathbb{R}^N$ の原点を中心とする半径 $r$ の球体 $\mathbb{B}_r(\mathbf{0})$ は有界

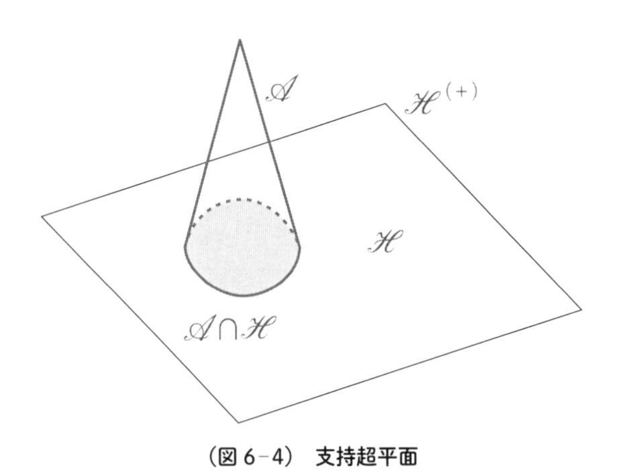


**(図 6-4)　支持超平面**

閉凸集合である。球体 $\mathbb{B}_r(\mathbf{0})$ の支持超平面とは、すなわち、その球体に接する超平面である。

- 空間 $\mathbb{R}^N$ の線分 $[\mathbf{x},\mathbf{y}]$ の支持超平面とは、その線分を含まず、その線分の両端である $\mathbf{x}$ と $\mathbf{y}$ のどちらかを通過する超平面である。
- $xyz$ 空間の球体 $\mathbb{B}_1(\mathbf{0})$ を 3 枚の平面 $x=0, y=0, z=0$ で切ると、有界閉凸集合

$$\mathscr{A} = \mathbb{B}_1(\mathbf{0}) \cap \{\,(x,y,z) \in \mathbb{R}^3 : x \geq 0, y \geq 0, z \geq 0\,\}$$

  が得られる。有界閉凸集合 $\mathscr{A}$ は無限個の支持（超）平面を持つ。たとえば、定義方程式が $z=0$ である（超）平面 $\mathscr{H}$ は $\mathscr{A}$ の支持（超）平面で $\mathscr{A} \cap \mathscr{H}$ は $\mathscr{H}$ の上の円盤の $\frac{1}{4}$ となる

$$\{(x,y,0) \in \mathbb{R}^3 : x^2+y^2 \leq 1, x \geq 0, y \geq 0\}$$

  である。定義方程式が $-x-y-z+\sqrt{3}$ である（超）平面 $\mathscr{H}'$ は $\mathscr{A}$ の支持（超）平面で

$$\mathscr{A} \cap \mathscr{H}' = \left\{\left(\frac{1}{\sqrt{3}}, \frac{1}{\sqrt{3}}, \frac{1}{\sqrt{3}}\right)\right\}$$

  である。定義方程式が $x+y=0$ である（超）平面 $\mathscr{H}''$ は $\mathscr{A}$ の支持（超）平面で

$$\mathscr{A} \cap \mathscr{H}'' = [(0,0,0),(0,0,1)]$$

  である。
- $xyz$ 空間の（超）平面 $\mathscr{H}$ の定義方程式を $z=1$ とする。円盤の $\frac{1}{4}$ である有界閉凸集合

$$\mathscr{A} = \{\,(x,y,z) \in \mathbb{R}^3 : x^2 + y^2 \leq 1, x \geq 0, y \geq 0\} \cap \mathscr{H}$$

の支持（超）平面とは、次の (i), (ii), (iii), (iv) のいずれかを満たす（超）平面 $\mathscr{H}' \neq \mathscr{H}$ である。

(i) $(\mathscr{H}' \cap \mathscr{H}) \cap \mathscr{A} = \{(0,0,1)\}$

(ii) 直線 $\mathscr{H}' \cap \mathscr{H}$ は、円の $\frac{1}{4}$ の

$$\{\,(x,y,z) \in \mathbb{R}^3 : x^2 + y^2 = 1, x \geq 0, y \geq 0\} \cap \mathscr{H}$$

と接する。

(iii) $[(0,0,1), (1,0,1)] \subset \mathscr{H}' \cap \mathscr{H}$

(iv) $[(0,0,1), (0,1,1)] \subset \mathscr{H}' \cap \mathscr{H}$

**(6.4) 補題　超平面 $\mathscr{H} \subset \mathbb{R}^N$ を有界閉凸集合 $\mathscr{A} \subset \mathbb{R}^N$ の支持超平面とするとき、**

$$\mathscr{A} \cap \mathscr{H} \subset \partial \mathscr{A}$$

**である。**

［証明］　一般に、$\mathscr{H} \subset \mathbb{R}^N$ を超平面とし、$\mathbf{x} \in \mathscr{H}$ とすると、任意の $r > 0$ について

$$\mathbb{B}_r(\mathbf{x}) \cap (\mathscr{H}^{(+)} \setminus \mathscr{H}) \neq \emptyset,\ \ \mathbb{B}_r(\mathbf{x}) \cap (\mathscr{H}^{(-)} \setminus \mathscr{H}) \neq \emptyset$$

となる。

有界閉凸集合 $\mathscr{A}$ の内部 $\mathscr{A} \setminus \partial \mathscr{A}$ に属する点 $\mathbf{x}$ は、内部の条件（#）から、実数 $r > 0$ を適当に選ぶと、$\mathbb{B}_r(\mathbf{x}) \cap \mathrm{aff}(\mathscr{A}) \subset \mathscr{A}$ となる。超平面 $\mathscr{H}$ が $\mathscr{A}$ 支持超平面ならば、$\mathscr{A} \subset \mathscr{H}^{(+)}$ であるから、$\mathscr{A}$ の内部に属する点 $\mathbf{x}$ が $\mathscr{H}$ に属することはでき

ない。すなわち、$\mathscr{A} \cap \mathscr{H} \subset \partial \mathscr{A}$ である。■

空間 $\mathbb{R}^N$ は $|\mathbf{x}-\mathbf{y}|$ を距離函数とする距離空間である。次の補題（6.5）は、補題（6.4）の逆と解釈できる。その証明は、距離空間のコンパクト集合の性質を既知とする。距離空間の一般論を使うことはできるだけ避けたいところではあるが、内部、境界、有界などの距離空間の概念が礎となるからには、距離空間の一般論を完全に無視することはできないだろう。初等解析学を未履修の読者は、補題（6.5）の証明は眺めるだけに留められたい。

**（6.5）補題　有界閉凸集合 $\mathscr{A} \subset \mathbb{R}^N$ の境界 $\partial \mathscr{A}$ に属する任意の点 $\mathbf{x}$ について、$\mathscr{A}$ の支持超平面 $\mathscr{H}$ で $\mathbf{x} \in \mathscr{H}$ となるものが存在する。**

［証明］（第 1 段）有界閉凸集合 $\mathscr{A}$ と

$$\mathbf{a} \in \mathrm{aff}(\mathscr{A}) \setminus \mathscr{A}$$

を考えよう。定義域を $\mathscr{A}$ とする実数値函数

$$F_{\mathbf{a}}(\mathbf{x}) = |\mathbf{x}-\mathbf{a}|, \quad \mathbf{x} \in \mathscr{A}$$

は連続函数である。すると、$\mathscr{A}$ がコンパクト集合であることから、函数 $F_{\mathbf{a}}(\mathbf{x})$ は最小値を持つ。

すなわち、$\rho(\mathbf{a}) \in \mathscr{A}$ で

$$|\rho(\mathbf{a})-\mathbf{a}| \leq |\mathbf{x}-\mathbf{a}|, \ \forall \mathbf{x} \in \mathscr{A}$$

を満たすものが存在する*。

---

＊ なお、$\forall \mathbf{x} \in \mathscr{A}$ の $\forall$ は “for all” ということ、すなわち、「任意の……について」

超平面 $\mathscr{H}_{\mathbf{a}}$ で $\rho(\mathbf{a})$ を通過し、$\rho(\mathbf{a})$ と $\mathbf{a}$ を結ぶ直線と直交するもの、すなわち、

$$\mathscr{H}_{\mathbf{a}} = \{\, \mathbf{x} \in \mathbb{R}^N : \langle \mathbf{x} - \rho(\mathbf{a}), \mathbf{a} - \rho(\mathbf{a}) \rangle = 0 \,\}$$

は $\mathscr{A}$ の支持超平面となる。

（第２段） 有界閉凸集合 $\mathscr{A}$ の境界 $\partial\mathscr{A}$ に属する任意の点 $\mathbf{x}$ について、$\rho(\mathbf{a}) = \mathbf{x}$ となる $\mathbf{a} \in \mathrm{aff}(\mathscr{A}) \setminus \mathscr{A}$ が存在することを示そう。すると、（第１段）の結果が使える。

凸集合 $\mathscr{A}$ は有界であるから、実数 $r > 0$ を十分大きく選ぶと

$$\mathscr{A} \subset \mathbb{B}_r(\mathbf{0}) \setminus \mathbb{S}_r(\mathbf{0})$$

とできる。

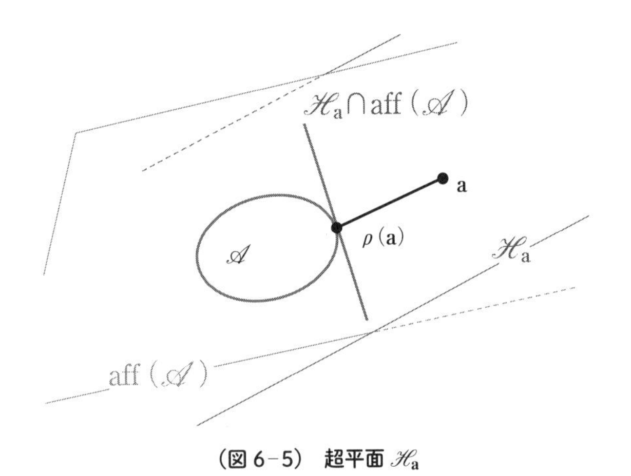


（図 6−5） **超平面 $\mathscr{H}_{\mathbf{a}}$**

---

ということである。であるから、$\forall \mathbf{x} \in \mathscr{A}$ は、$\mathscr{A}$ に属する任意の $\mathbf{x}$ について、と読む。

いま、$\mathbf{x} \in \partial \mathscr{A}$ であるから、任意の整数 $n \geq 1$ について

$$|\mathbf{x} - \mathbf{z}_n| < \frac{1}{n}$$

となる

$$\mathbf{z}_n \in \mathrm{aff}(\mathscr{A}) \setminus \mathscr{A}$$

が存在する。半直線

$$\mathscr{L}' = \{t\mathbf{z}_n + (1-t)\rho(\mathbf{z}_n) : t \geq 0\}$$

と $\mathbb{S}_r(\mathbf{0})$ の交点を $\mathbf{y}_n$ とする。すると、

$$\rho(\mathbf{y}_n) = \rho(\mathbf{z}_n)$$

である。

球面 $\mathbb{S}_r(\mathbf{0})$ はコンパクト集合であるから、数列 $\{\mathbf{y}_n\}_{n=1}^{\infty}$ は収束する部分数列 $\{\mathbf{y}_{n_j}\}_{j=1}^{\infty}$ を持つ。そこで、

$$\lim_{j \to \infty} \mathbf{y}_{n_j} = \mathbf{y} \in \mathbb{S}_r(\mathbf{0})$$

とする。このとき、

$$|\mathbf{x} - \rho(\mathbf{z}_n)| \leq |\mathbf{x} - \mathbf{z}_n| < \frac{1}{n}$$

であることから、

$$\rho(\mathbf{y}) = \rho(\lim_{j \to \infty} \mathbf{y}_{n_j}) = \lim_{j \to \infty} \rho(\mathbf{y}_{n_j}) = \lim_{j \to \infty} \rho(\mathbf{z}_{n_j}) = \mathbf{x}$$

となる。■

**(6.6) 系**　**空間 $\mathbb{R}^N$ の有界閉凸集合 $\mathscr{A}$ の支持超平面を**

$$\mathscr{H}_1, \mathscr{H}_2, \cdots$$

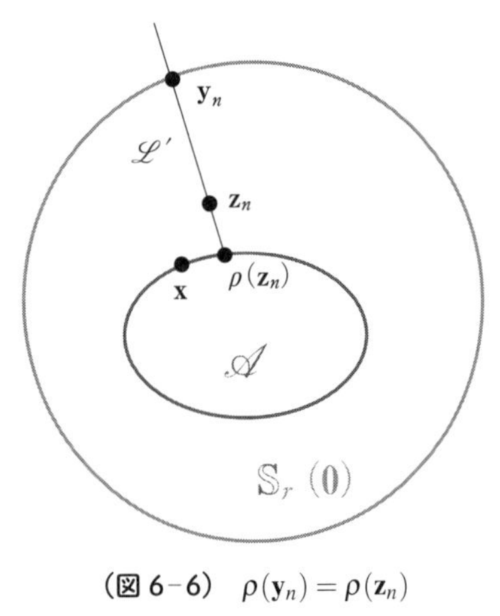


**(図 6–6)** $\rho(\mathbf{y}_n) = \rho(\mathbf{z}_n)$

**とするとき**

$$\mathscr{A} = (\mathscr{A} \cap \mathscr{H}_1^{(+)}) \cap (\mathscr{A} \cap \mathscr{H}_2^{(+)}) \cap \cdots \tag{16}$$

**となる。**

［証明］　補題（6.5）の証明の（第 1 段）から、$\mathbf{a} \in \mathrm{aff}(\mathscr{A}) \setminus \mathscr{A}$ に付随する支持超平面 $\mathscr{H}_{\mathbf{a}}$ は

$$\mathbf{a} \in \mathscr{H}_{\mathbf{a}}^{(-)} \setminus \mathscr{H}_{\mathbf{a}}$$

を満たす。すなわち、点 $\mathbf{a}$ は (16) の右辺に属さない。換言すると、(16) の右辺は $\mathscr{A}$ を含む。もちろん、$\mathscr{A}$ は右辺に含まれるから、(16) が示せた。■

## g）　端点

空間 $\mathbb{R}^N$ の有界閉凸集合 $\mathscr{A}$ の端点（extreme point）を導

入する。

**定義**　**有界閉凸集合 $\mathscr{A} \subset \mathbb{R}^N$ に属する点 $\mathbf{x}$ が $\mathscr{A}$ の端点であるとは、条件**

$$\mathbf{x} = \frac{1}{2}(\mathbf{a}+\mathbf{a}'),\ \mathbf{a} \in \mathscr{A},\ \mathbf{a}' \in \mathscr{A} \quad \text{ならば} \quad \mathbf{a} = \mathbf{a}' = \mathbf{x}$$

**が成立するときにいう。**

条件（#）から、有界閉凸集合 $\mathscr{A} \subset \mathbb{R}^3$ の内部に属する点は端点とはならない。すなわち、$\mathscr{A}$ の端点は $\mathscr{A}$ の境界 $\partial\mathscr{A}$ に属する。

- 線分 $[\mathbf{x}, \mathbf{y}]$ の端点は $\mathbf{x}$ と $\mathbf{y}$ である。
- 球体 $\mathbb{B}_r(\mathbf{x})$ は、その境界である球面 $\mathbb{S}_r(\mathbf{x})$ に属する任意の点が端点である。
- $xyz$ 空間の円錐

  $$\{ (x,y,z) \in \mathbb{R}^3 : x^2+y^2 \leq (z-1)^2, 0 \leq z \leq 1 \}$$

  の端点は、底面の円周の上の点と $(0,0,1)$ である。
- $xy$ 平面の上の円盤の $\frac{1}{2}$ と正方形の和集合である有界閉凸集合

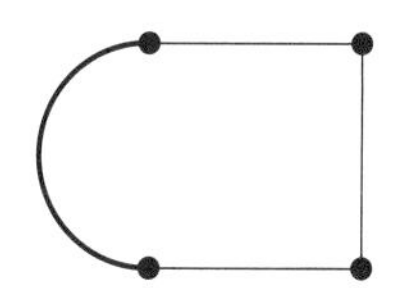

（図 6-7）　有界閉凸集合の端点

の端点は、円の $\frac{1}{2}$ に属する点と正方形の 4 個の頂点である。

空間 $\mathbb{R}^N$ の有界閉凸集合 $\mathscr{A}$ の端点の全体の集合を

$$\mathrm{ext}(\mathscr{A})$$

とする。

**(6.7) 補題　空間 $\mathbb{R}^N$ の有界閉凸集合 $\mathscr{A}$ は $\mathrm{ext}(\mathscr{A})$ の凸閉包である。**

$$\mathscr{A} = \mathrm{conv}(\mathrm{ext}(\mathscr{A}))$$

[証明]　包含関係 $\mathrm{conv}(\mathrm{ext}(\mathscr{A})) \subset \mathscr{A}$ は明らかであるから、逆の包含関係 $\mathscr{A} \subset \mathrm{conv}(\mathrm{ext}(\mathscr{A}))$ を示す。

(第 1 段) まず、$\mathscr{A}$ の境界 $\partial\mathscr{A}$ が $\mathrm{conv}(\mathrm{ext}(\mathscr{A}))$ に含まれることを示す。補題 (6.4) と補題 (6.5) から

$$\partial\mathscr{A} = \bigcup_{\mathscr{H}\ \text{は}\ \mathscr{A}\ \text{の支持超平面}} \mathscr{A} \cap \mathscr{H}$$

である。すると、

$$\mathscr{A} \cap \mathscr{H} \subset \mathrm{conv}(\mathrm{ext}(\mathscr{A}))$$

をいえばよい。凸集合 $\mathscr{F} = \mathscr{A} \cap \mathscr{H}$ は有界閉凸集合である。しかも、$\mathscr{F}$ の次元は $\mathscr{A}$ の次元よりも小さい。すると、次元に関する数学的帰納法を使うと、

$$\mathscr{F} \subset \mathrm{conv}(\mathrm{ext}(\mathscr{F}))$$

が従う。ところが、$\mathscr{F}$ の端点は $\mathscr{A}$ の端点である。

実際、$\mathscr{F}$ の端点 $\mathbf{x}$ が $\mathscr{A}$ の端点でないとすると、

$$\mathbf{x} = \frac{\mathbf{a}+\mathbf{a}'}{2}, \mathbf{x} \neq \mathbf{a}, \mathbf{x} \neq \mathbf{a}'$$

となる $\mathbf{a} \in \mathscr{A}$ と $\mathbf{a}' \in \mathscr{A}$ が存在するが、$\mathbf{a}$ と $\mathbf{a}'$ のどちらかが $\mathscr{F}$ に属するならば、両者とも $\mathscr{F}$ に属するから、$\mathbf{x}$ が $\mathscr{F}$ の端点であることから、$\mathbf{a}$ と $\mathbf{a}'$ の両者とも $\mathscr{F}$ に属さない。すると、$\mathbf{a}$ と $\mathbf{a}'$ の両者とも $\mathscr{H}^{(+)} \setminus \mathscr{H}$ に属するが、$\mathscr{H}^{(+)} \setminus \mathscr{H}$ が凸集合であることから、$\mathbf{x} \in \mathscr{H}^{(+)} \setminus \mathscr{H}$ となり、$\mathbf{x} \in \mathscr{F}$ であることに矛盾する。

すると、$\mathscr{F} \subset \mathrm{conv}(\mathrm{ext}(\mathscr{A}))$ が従う。

(第 2 段) 次に、$\mathscr{A}$ の内部 $\mathscr{A} \setminus \partial\mathscr{A}$ が $\mathrm{conv}(\mathrm{ext}(\mathscr{A}))$ に含まれることを示す。任意の点 $\mathbf{x} \in \mathscr{A} \setminus \partial\mathscr{A}$ を通る直線 $\mathscr{L} \subset \mathrm{aff}(\mathscr{A})$ を選ぶと、

$$\mathscr{L} \cap \partial\mathscr{A} = [\mathbf{a}, \mathbf{a}']$$

となる $\mathbf{a} \in \partial\mathscr{A}$ と $\mathbf{a}' \in \partial\mathscr{A}$ が存在する。いま、（第 1 段）の結果から、$\mathbf{a}$ と $\mathbf{a}'$ は $\mathrm{conv}(\mathrm{ext}(\mathscr{A}))$ に属する。したがって、$\mathbf{x} \in [\mathbf{a}, \mathbf{a}']$ も $\mathrm{conv}(\mathrm{ext}(\mathscr{A}))$ に属する。すなわち、$\mathscr{A} \setminus \partial\mathscr{A} \subset \mathrm{conv}(\mathrm{ext}(\mathscr{A}))$ である。■

一般教育の数学の解析学入門（特に、距離空間の開集合、閉集合、コンパクト集合、連続函数など)、及び、線型代数入門に少し馴染んでいると、補題（6.5）の証明を読むときなど、あるいは、凸集合の次元を定義するときなど、しばしば有益である。

## 6.2 凸多面体

### a) 定義

一般次元の空間 $\mathbb{R}^N$ の凸多面体の概念を導入する。

**定義**　空間 $\mathbb{R}^N$ の有限集合 $V$ の凸閉包 $\mathrm{conv}(V)$ を**凸多面体**と呼ぶ。ただし、$V$ は空集合ではないとする。

**（6.8）補題**　空間 $\mathbb{R}^N$ の凸多面体は有界閉凸集合である。

［証明］　凸多面体 $\mathscr{P} \subset \mathbb{R}^N$ は有限集合 $V \subset \mathbb{R}^N$ の凸閉包であるとする。原点を中心とし、半径 $r > 0$ が十分大きな球体 $\mathscr{B}_r(\mathbf{0})$ は $V$ を含む。すると、$\mathscr{P} \subset \mathscr{B}_r(\mathbf{0})$ となる。すなわち、$\mathscr{P}$ は有界である。

他方、定理（6.3）の表示 (15) から、$\mathscr{P}$ が閉であること、すなわち $\partial\mathscr{P} \subset \mathscr{P}$ が従う。■

……とすると、$xyz$ 空間の高校数学ならば、許容範囲だろうが、$\mathscr{P}$ が閉であることは、厳密性に欠ける。

距離空間

$$\mathbb{R}^s = \{ (x_1, x_2, \cdots, x_s) : x_i \in \mathbb{R} \}$$

から $\mathbb{R}^N$ への写像 $\Psi$ を

$$\Psi(t_1, t_2, \cdots, t_s) = \sum_{i=1}^{s} t_i \mathbf{a}_i$$

と定義すると、$\Psi$ は連続写像である。距離空間 $\mathbb{R}^s$ の部分集合

$$\mathscr{B} = \{ (t_1, t_2, \cdots, t_s) \in \mathbb{R}^s : t_i \geq 0, \sum_{i=1}^{s} t_i = 1 \}$$

はコンパクト集合であるから、その連続写像 $\Psi$ による像 $\Psi(\mathscr{B})$ もコンパクト集合である。表示 (15) から

$$\Psi(\mathscr{B}) = \mathscr{P}$$

であるから、$\mathscr{P}$ はコンパクト集合である。

……とすれば、厳密な証明になる。

**定義　空間 $\mathbb{R}^N$ の凸多面体 $\mathscr{P}$ の次元とは、$\mathscr{P}$ の凸集合としての次元のことである。**

すると、第 1 章から第 5 章で扱っている線分、凸多角形、凸多面体は、それぞれ、次元 1 の凸多面体、次元 2 の凸多面体、次元 3 の凸多面体の俗称（？）といえよう。

凸多面体 $\mathscr{P}$ の内部 $\mathscr{P} \setminus \partial\mathscr{P}$ の表示は、表示 (15) の $t_i \geq 0$ を $t_i > 0$ とすればよい。

すなわち、$\mathscr{P} = \mathrm{conv}(V)$ の内部は

$$\mathscr{P} \setminus \partial\mathscr{P} = \left\{ \sum_{i=1}^{s} t_i\mathbf{a}_i \,:\, t_i > 0, \sum_{i=1}^{s} t_i = 1 \right\} \tag{17}$$

となる。

- $xyz$ 空間の双三角錐 $\mathscr{P} = \mathrm{conv}(V)$ を考える。ただし、

$$V = \{(0,0,0),(1,0,0),(0,1,0),(0,0,1),(0,0,-1)\}$$

である。すると、$\mathbf{a} = (\frac{1}{4}, \frac{1}{4}, 0)$ は $\mathscr{P}$ の内部 $\mathscr{P} \setminus \partial\mathscr{P}$ に属するが

$$\mathbf{a} = \frac{1}{4}(1,0,0) + \frac{1}{4}(0,1,0) \tag{18}$$

は、表示 (17) とは異なる表示である。もし、表示 (17) の表示をしようとするならば、たとえば

$$\frac{1}{6}(0,0,0) + \frac{1}{6}(0,0,1) + \frac{1}{6}(0,0,-1)$$

を (18) の右辺に加えればよい。

**(6.9) 定理　空間 $\mathbb{R}^N$ の凸多面体 $\mathscr{P} = \mathrm{conv}(V)$ とその支持超平面 $\mathscr{H}$ があったとき、**

$$\mathscr{P} \cap \mathscr{H} = \mathrm{conv}(V \cap \mathscr{H})$$

**である。**

［証明］　支持超平面 $\mathscr{H}$ の定義方程式を $a_1x_1 + \cdots + a_Nx_N = b$ とし、$V = \{\mathbf{a}_1, \cdots, \mathbf{a}_s\}$ とする。簡単のため、$\mathbf{a}_1, \cdots, \mathbf{a}_q$ は $\mathscr{H}$ に属し、$\mathbf{a}_{q+1}, \cdots, \mathbf{a}_s$ は $\mathscr{H}$ に属さないとする。ただし、$1 \leq q < s$ である。すると、$\mathbf{a}_{q+1}, \cdots, \mathbf{a}_s$ は $\mathscr{H}^{(+)} \setminus \mathscr{H}$ であるから、

$$\langle \mathbf{a}_i, (a_1, \cdots, a_N) \rangle = b, \quad 1 \leq i \leq q$$
$$\langle \mathbf{a}_j, (a_1, \cdots, a_N) \rangle > b, \quad q < j \leq s$$

となる。いま、$\mathbf{x} \in \mathscr{P} \mathrm{conv}(V)$ を

$$\mathbf{x} = \sum_{i=1}^{s} t_i \mathbf{a}_i, \;\; t_i \geq 0, \;\; \sum_{i=1}^{s} t_i = 1$$

と表すと、

$$\begin{aligned}\langle \mathbf{x}, (a_1, \cdots, a_N) \rangle &= \sum_{i=1}^{s} t_i \langle \mathbf{a}_i, (a_1, \cdots, a_N) \rangle \\ &= b \sum_{i=1}^{q} t_i + \sum_{j=q+1}^{s} t_j \langle \mathbf{a}_j, (a_1, \cdots, a_N) \rangle\end{aligned}$$

である。ここで、

$$\sum_{j=q+1}^{s} t_j > 0$$

とすると、

$$\sum_{j=q+1}^{s} t_j \langle \mathbf{a}_j, (a_1, \cdots, a_N) \rangle > b \sum_{j=q+1}^{s} t_j$$

であるから、

$$b\sum_{i=1}^{q} t_i + \sum_{j=q+1}^{s} t_j \langle \mathbf{a}_j, (a_1, \cdots, a_N) \rangle > b\sum_{i=1}^{s} t_j = b$$

となる。換言すると、$\mathbf{x} \in \mathscr{H}$ となること、すなわち

$$\langle \mathbf{x}, (a_1, \cdots, a_N) \rangle = b$$

となることと、

$$\sum_{j=q+1}^{s} t_j = 0$$

であること、すなわち

$$t_{q+1} = \cdots = t_s = 0$$

となることは同値である。したがって、

$$\mathscr{P} \cap \mathscr{H} \subset \mathrm{conv}(V \cap \mathscr{H})$$

である。

逆の包含関係

$$\mathrm{conv}(V \cap \mathscr{H}) \subset \mathscr{P} \cap \mathscr{H}$$

は、$V \cap \mathscr{H} \subset \mathscr{P} \cap \mathscr{H}$ であること、及び、$\mathscr{P} \cap \mathscr{H}$ が凸集合であることから従う。

以上の結果、$\mathscr{P} \cap \mathscr{H} = \mathrm{conv}(V \cap \mathscr{H})$ である。■

すると、空間 $\mathbb{R}^N$ の凸多面体 $\mathscr{P} = \mathrm{conv}(V)$ とその支持超平面 $\mathscr{H}$ があったとき、集合 $\mathscr{P} \cap \mathscr{H}$ は超平面 $\mathscr{H}$ に含まれる有限集合の凸閉包である。すなわち、$\mathscr{P} \cap \mathscr{H}$ も凸多面体である。

### b) 頂点、辺、面

空間 $\mathbb{R}^N$ の凸多面体の面を導入する。

**定義　空間 $\mathbb{R}^N$ の凸多面体 $\mathscr{P}$ の面**（face）**とは、$\mathscr{P} \cap \mathscr{H}$ なる型の $\mathscr{P}$ の部分集合のことである。ただし、$\mathscr{H}$ は $\mathscr{P}$ の支持超平面である。**

空間 $\mathbb{R}^N$ の凸多面体 $\mathscr{P}$ の面は、再び、凸多面体である。面 $\mathscr{F}$ の凸多面体としての次元が $j$ のとき、面 $\mathscr{F}$ を $\boldsymbol{j}$ **面**と呼ぶ。

空間 $\mathbb{R}^N$ の凸多面体 $\mathscr{P}$ に属する点 $\mathbf{a}$ が $\mathscr{P}$ の**頂点**とは、集合 $\mathscr{F} = \{\mathbf{a}\}$ が $\mathscr{P}$ の 0 面であるときにいう。面 $\mathscr{F}$ が $\mathscr{P}$ の**辺**であるとは、$\mathscr{F}$ が $\mathscr{P}$ の 1 面（すなわち、線分）であるときにいう。凸多面体 $\mathscr{P}$ の次元が $d$ のとき、$\mathscr{P}$ の $(d-1)$ 面を $\mathscr{P}$ の**ファセット**と呼ぶ。

**(6.10) 系　空間 $\mathbb{R}^N$ の凸多面体の面の個数は有限個である。**

［証明］ 実際、定理（6.9）から、面の個数の総和は、$V$ の部分集合の個数を越えない。すると、$V$ が有限集合であることから、面の個数は、有限個である。■

**(6.11) 補題　凸多面体 $\mathscr{P} \subset \mathbb{R}^N$ の頂点は（有界閉凸集合 $\mathscr{P} \subset \mathbb{R}^N$ の）端点である。**

［証明］　凸多面体 $\mathscr{P} \subset \mathbb{R}^N$ の頂点 $\mathbf{x}$ が端点でないとすると

$$\mathbf{x} = \frac{1}{2}(\mathbf{a}+\mathbf{a}'), \ \ \mathbf{x} \neq \mathbf{a}, \ \ \mathbf{x} \neq \mathbf{a}'$$

となる $\mathbf{a} \in \mathscr{P}$ と $\mathbf{a}' \in \mathscr{P}$ が存在する。

いま、$\mathscr{P} \cap \mathscr{H} = \{\mathbf{x}\}$ となる支持超平面 $\mathscr{H}$ を選ぶと、$\mathbf{a}$ と $\mathbf{a}'$ は $\mathscr{H}^{(+)} \setminus \mathscr{H}$ に属する。すると、$\mathscr{H}^{(+)} \setminus \mathscr{H}$ が凸集合であることから、$\mathbf{x}$ も $\mathscr{H}^{(+)} \setminus \mathscr{H}$ に属し、矛盾する。■

**(6.12) 補題　凸多面体 $\mathscr{P} \subset \mathbb{R}^N$ が有限集合 $V$ の凸閉包であるとき、$\mathscr{P}$ の任意の頂点は $V$ に属する。**

［証明］　まず、$\mathscr{P} = \mathrm{conv}(V)$ とし、$\mathbf{a}$ を $\mathscr{P}$ の頂点とすると、頂点の定義から、$\{\mathbf{a}\} = \mathscr{P} \cap \mathscr{H}$ となる $\mathscr{P}$ の支持平面が存在する。定理（6.9）から、$\mathscr{P} \cap \mathscr{H} = \mathrm{conv}(V \cap \mathscr{H})$ であるから、$\{\mathbf{a}\} = V \cap \mathscr{H}$ となる。特に、$\mathbf{a} \in V$ となる。■

**(6.13) 定理　空間 $\mathbb{R}^N$ の凸多面体 $\mathscr{P}$ の頂点の全体の集合を $V$ とすると、$\mathscr{P} = \mathrm{conv}(V)$ である。**

［証明］　凸多面体 $\mathscr{P} \subset \mathbb{R}^N$ が、有限集合 $W$ の凸閉包であるとする。すると、補題（6.12）から、任意の頂点は $W$ に属する。

いま、$W$ は $\mathscr{P} = \mathrm{conv}(W)$ となる有限集合 $V$ で無駄がないものとする。すなわち、

$$\mathrm{conv}(W \setminus \{\mathbf{a}\}) \neq \mathscr{P}, \quad \forall \mathbf{a} \in W$$

を仮定する。このとき、任意の $\mathbf{a} \in W$ が $\mathscr{P}$ の頂点であることを示す。すると、$W$ は $\mathscr{P}$ の頂点の全体の集合となる。

有限集合 $W \setminus \{\mathbf{a}\}$ の凸閉包を $\mathscr{Q}$ とし、$\mathscr{Q} \cap \mathrm{aff}(\mathscr{Q})$ に属す

る点で $\mathbf{a}$ にもっとも近いものを $\rho(\mathbf{a})$ とする。

すると、補題（6.5）の証明の（第 1 段）から、超平面

$$\mathscr{H} = \{\mathbf{x} \in \mathbb{R}^N : \langle \mathbf{x} - \mathbf{a}, \mathbf{a} - \rho(\mathbf{a}) \rangle = 0\}$$

は、$\mathbf{a}$ を通過し、線分 $[\mathbf{a}, \rho(\mathbf{a})]$ と直交し、$\mathscr{Q} \cap \mathscr{H} = \emptyset$ である。

超平面 $\mathscr{H}$ は $\mathscr{P}$ の支持超平面である。しかも、$\mathscr{P} \cap \mathscr{H} = \{\mathbf{a}\}$ となる。

実際、$\mathscr{P} \cap \mathscr{H} \neq \{\mathbf{a}\}$ とし、$\mathbf{a}' \in \mathscr{P} \cap \mathscr{H}$ となる点 $\mathbf{a}' \neq \mathbf{a}$ が存在するとし、

$$\mathbf{a}' = t\mathbf{a} + (1-t)\mathbf{a}'', \ \mathbf{a}'' \in \mathscr{Q}, \ 0 < t < 1$$

とする。このとき、$\mathbf{a} \in \mathscr{H}$ と $\mathbf{a}'' \notin \mathscr{H}$ であるから、$\mathbf{a}' \in \mathscr{H}$ となることはできない。すなわち、そのような $\mathbf{a}'$ は存在しないから、$\mathbf{a}$ は $\mathscr{P}$ の頂点である。■

なお、補題（6.11）の逆、すなわち、凸多面体 $\mathscr{P} \subset \mathbb{R}^N$ の有界閉凸集合としての端点は $\mathscr{P}$ の頂点であること（は、事実であるから、それ）を証明すれば、定理（6.13）は、補題（6.7）から従う。

有界閉凸集合 $\mathscr{A}$ の**突点**（exposed point）とは、

$$\{\mathbf{x}\} = \mathscr{A} \cap \mathscr{H}$$

となる $\mathscr{A}$ の支持超平面 $\mathscr{H}$ が存在する $\mathbf{x} \in \mathscr{A}$ と定義する。すると、有界閉凸集合の突点は端点である*。

ところが、有界閉凸集合の端点は必ずしも突点とは限らな

---

* 補題（6.11）の証明から従う。

い。たとえば、（図 6−8）の有界閉凸集合 $\mathscr{A}$ の端点

$$(2,0,1),\ (0,2,1)$$

は $\mathscr{A}$ の突点ではない。すると、補題（6.7）は、端点を突点と置き換えると成立しない。

なお、慣習から、凸多面体に限り、突点を頂点と呼ぶ。

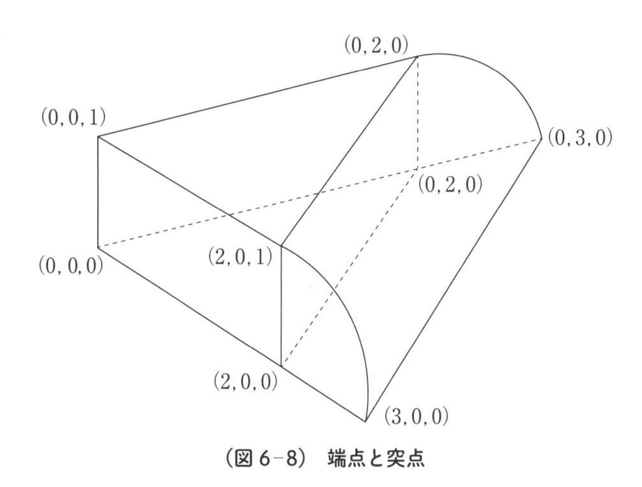


**（図 6−8）　端点と突点**

### c)　多面状集合

空間 $\mathbb{R}^N$ の多面状集合（polyhedral set）を導入する。

**定義**　**空間 $\mathbb{R}^N$ の有限個の閉半空間の共通部分**

$$\mathscr{Q} = \mathscr{H}_1^{(+)} \cap \mathscr{H}_2^{(+)} \cap \cdots \cap \mathscr{H}_s^{(+)} \qquad (19)$$

**が空集合でないとき、$\mathscr{Q}$ を多面状集合と呼ぶ。**

- 多面状集合は、もちろん、閉凸集合である。

- 表示 (19) の多面状集合 $\mathscr{Q}$ の境界は

$$\partial \mathscr{Q} = \bigcup_{i=1}^{s} (\mathscr{Q} \cap \mathscr{H}_i) \tag{20}$$

　である。

以下、表示 (19) は**無駄がない**とする。すなわち、

$$\mathscr{Q} \neq \mathscr{H}_1^{(+)} \cap \cdots \cap \mathscr{H}_{i-1}^{(+)} \cap \mathscr{H}_{i+1}^{(+)} \cap \cdots \cap \mathscr{H}_s^{(+)}$$

が、任意の $1 \leq i \leq s$ について成立するとする。

有界な多面状集合は凸多面体である。逆に、凸多面体は有界な多面状集合である[*1]。実際[*2]、

**(6.14) 定理　表示 (19) の多面状集合 $\mathscr{Q} \subset \mathbb{R}^N$ は、有界ならば、凸多面体である。しかも、**

$$\mathscr{Q} \cap \mathscr{H}_1,\ \mathscr{Q} \cap \mathscr{H}_2,\ \cdots, \mathscr{Q} \cap \mathscr{H}_s$$

**が凸多面体 $\mathscr{Q}$ の面の全体となる。**

**(6.15) 定理　凸多面体 $\mathscr{P} \subset \mathbb{R}^N$ のファセットを $\mathscr{F}_1, \cdots, \mathscr{F}_f$ とし、$\mathscr{H}_i$ を $\mathscr{P} \cap \mathscr{H}_i = \mathscr{F}_i$ となる支持超平面とする。すると、$\mathscr{P}$ は多面状集合**

$$\mathscr{P} = \mathscr{H}_1^{(+)} \cap \mathscr{H}_2^{(+)} \cap \cdots \cap \mathscr{H}_f^{(+)}$$

---

＊1　本著の冒頭の「準備」（第０章！）では、凸多角形と凸多面体を、有界な多面状集合として導入している。

＊2　定理（6.14）と定理（6.15）の証明は省略する。系（6.16）は、表示 (20) から従う。

**である。しかも、右辺は無駄がない表示である。**

**(6.16) 系　凸多面体 $\mathscr{P} \subset \mathbb{R}^N$ のファセットを $\mathscr{F}_1, \cdots, \mathscr{F}_f$ とすると、**

$$\partial \mathscr{P} = \mathscr{F}_1 \cup \mathscr{F}_2 \cup \cdots \cup \mathscr{F}_f$$

**である。**

凸多面体の面の包含関係に関する基本性質を列挙する。いずれも、$xyz$ 空間の凸多面体のときならば既知としていることであるが、一般次元の空間の凸多面体を扱うときは、厳密な、しかも、煩雑な、証明が必要である*。

(a) 凸多面体 $\mathscr{P} \subset \mathbb{R}^N$ の面 $\mathscr{F}$ と $\mathscr{G}$ があり、$\mathscr{G} \subset \mathscr{F}$ とする。すると、$\mathscr{G}$ は凸多面体 $\mathscr{F}$ の面である。

(b) 凸多面体 $\mathscr{P} \subset \mathbb{R}^N$ の面 $\mathscr{F}$（を凸多面体と考えたとき）の面 $\mathscr{G}$ は $\mathscr{P}$ の面である。

(c) 凸多面体 $\mathscr{P} \subset \mathbb{R}^N$ の面 $\mathscr{F}$ と $\mathscr{G}$ の共通部分 $\mathscr{F} \cap \mathscr{G}$ は $\mathscr{P}$ の面である。

(d) 凸多面体 $\mathscr{P} \subset \mathbb{R}^N$ の面 $\mathscr{F}$ がファセットでなければ、$\mathscr{F}$ を含む $\mathscr{P}$ のファセットが存在する。

一般の有界閉凸集合 $\mathscr{A} \subset \mathbb{R}^N$ の支持超平面 $\mathscr{H}$ で

$$\mathscr{A} \cap \mathscr{H}$$

が線分 $\mathscr{E}$ となるものを考えよう。その $\mathscr{E}$ の端点 $\mathbf{a}$ は、$\mathscr{E}$ の突点であるが、必ずしも、$\mathscr{A}$ の突点とは限らない。

---

* 紙面の都合から、厳密な、しかも、煩雑な、証明は省略する。

## 文献紹介

凸多面体論の古典的な名著

[1] B. Grünbaum, "Convex Polytopes," Second Ed., Graduate Texts in Math. 221, Springer, 2003.

の第2章「凸集合」、第3章「凸多面体」、第4章「例」を眺めると、一般次元の凸多面体論の礎を理解することができよう。ただし、Grünbaum のテキストは、定理と練習問題の網羅であるから、余程の覚悟をしなければ、第2章を読破することすら難しいだろう。初版は Interscience から 1967 年に出版され、凸多面体の古典論を集大成している。凸多面体の現代的潮流は 1970 年から始まる。すなわち、Grünbaum のテキストは、現代の凸多面体論の夜明け前の壮大な眺望といえよう。

著者は、大学院生のとき、

[2] P. McMullen and G. C. Shephard, "Convex Polytopes and the Upper Bound Conjecture," Cambridge University Press, 1971.

を眺めながら、凸多面体論の一般論に馴染んだ。

本著の第6章は、拙著

[3] 日比孝之『可換代数と組合せ論』(シュプリンガー・フェアラーク東京、1995 年 4 月)(しばらく絶版であったが、「復刊」が、2019 年 9 月、丸善出版から刊行されている。)

の第1章 §1 で展開されている、凸集合と凸多面体の一般論をさらに簡潔に集約したものである。

**Memo**

空間 $\mathbb{R}^N$ の次元 $d$ の凸多面体 $\mathscr{P}$ の $i$ 面の個数を $f_i = f_i(\mathscr{P})$ とし、数列

$$f(\mathscr{P}) = (f_0, f_1, \cdots, f_{d-1})$$

を $\mathscr{P}$ の $\boldsymbol{f}$ **列**と呼ぶ。

オイラーの多面体定理は、次元 $d$ の凸多面体 $\mathscr{P} \subset \mathbb{R}^N$ だと

$$f_0 - f_1 + f_2 + \cdots + (-1)^{d-1} f_{d-1} = 1 - (-1)^d$$

となる。その証明は、文献［1］と［2］を参照されたい。

### 歴史的背景

凸多面体論の現代的潮流の誕生は 1970 年に遡る。しばらくの間、1970 年から 1980 年の 10 年間の凸多面体論の栄耀栄華を、歴史を彩る論文を紹介しながら概観する。

次元 $q$ の凸多面体は、その頂点の個数が $q+1$ のとき、$\boldsymbol{q}$ **単体**と呼ばれる。特に、1 単体は線分、2 単体は三角形、3 単体は四面体である。次元 $d$ の凸多面体 $\mathscr{P} \subset \mathbb{R}^N$ の任意の面が単体のとき、$\mathscr{P}$ を**単体的凸多面体**と呼ぶ。次元 $d$ の単体的凸多面体 $\mathscr{P} \subset \mathbb{R}^N$ の $f$ 列 $f(\mathscr{P}) = (f_0, f_1, \cdots, f_{d-1})$ は

$$\sum_{j=0}^{i} \binom{d-j}{d-i} (-1)^{i-j} f_{j-1} = \sum_{j=0}^{d-i} \binom{d-j}{i} (-1)^{d-i-j} f_{j-1} \quad (21)$$

を満たす[*1]。ただし、$0 \leq i \leq \lfloor \frac{d-1}{2} \rfloor$, $f_{-1} = 1$ である[*2]。

---

＊1　二項係数 ${}_n\mathrm{C}_r = \frac{n!}{(n-r)!r!}$ を $\binom{n}{r}$ と表す。

＊2　実数 $r$ よりも大きくない整数のなかで最大のものを $\lfloor r \rfloor$ と表す。すなわち、

関係式 (21) を**デーン－サマービル方程式**と呼ぶ。すると、

$$f_{\lfloor \frac{d}{2} \rfloor}, f_{\lfloor \frac{d}{2} \rfloor+1}, \cdots, f_{d-1}$$

のそれぞれは、$f_0, f_1, \cdots, f_{\lfloor \frac{d}{2} \rfloor-1}$ の整数係数の線型結合である。

空間 $\mathbb{R}^d$ のモーメント曲線

$$C_d = \{ (t, t^2, \cdots, t^d) \in \mathbb{R}^d : t \in \mathbb{R} \}$$

の上の $v$ 個の点の集合の凸閉包 $C(v,d) \subset \mathbb{R}^d$ を型 $(v,d)$ の**巡回凸多面体**と呼ぶ。ただし、$v \geq d+1$ である。

巡回凸多面体は次元 $d$ の単体的凸多面体である。その $f$ 列は、$v$ 個の点をどのように選んでも変わらない。巡回凸多面体 $C(v,d)$ の $i$ 面の個数 $f_i(C(v,d))$ は

$$f_i(C(v,d)) = \binom{v}{i+1}, \quad i = 0, 1, \cdots, \lfloor \frac{d}{2} \rfloor - 1$$

を満たす。特に、$C(v,d)$ の頂点の個数は $f_0(C(v,d)) = v$ である。

ところで、次元 $d$ の単体的凸多面体 $\mathscr{P} \subset \mathbb{R}^N$ の頂点の個数が $v$ 個のとき、その $i$ 面の個数は $\binom{v}{i+1}$ を越えない。巡回凸多面体 $C(v,d)$ はその $\binom{v}{i+1}$ を $i = 0, 1, \cdots, \lfloor \frac{d}{2} \rfloor - 1$ で満たす。しかも、$f_{\lfloor \frac{d}{2} \rfloor}, f_{\lfloor \frac{d}{2} \rfloor+1}, \cdots, f_{d-1}$ のそれぞれは、$f_0, f_1, \cdots, f_{\lfloor \frac{d}{2} \rfloor-1}$ の整数係数の線型結合である。すると、型 $(v,d)$ の巡回凸多面体 $C(v,d)$ は、$v$ 個の頂点を持つ次元 $d$ の単体的凸多面体の類で、その $f$ 列を最大にする、と予想す

整数 $\lfloor r \rfloor$ は $\lfloor r \rfloor \leq r < \lfloor r \rfloor + 1$ を満たす。

るのはきわめて自然である。それが Motzkin の上限予想* である。

**上限予想**　次元 $d$ の単体的凸多面体 $\mathscr{P}$ が $v$ 個の頂点を持つとき、その $f$ 列 $f(\mathscr{P}) = (f_0, f_1, \cdots, f_{d-1})$ は

$$f_i \leq f_i(C(v,d)), \ \ i = 0, 1, \cdots, d-1$$

を満たす。

上限予想とともに、下限予想と呼ばれる予想も紹介する。まず、山積凸多面体（stacked polytope）の概念を導入する。定理（4.1）の（十分性）の証明の（第 1 段）のテントを作る操作は、次元 $d$ の凸多面体 $\mathscr{P} \subset \mathbb{R}^N$ へ自然に一般化される。すなわち、次元 $d$ の凸多面体 $\mathscr{P} \subset \mathbb{R}^N$ のファセット（すなわち、$(d-1)$ 面）$\mathscr{F}$ の近いところにある点 $\mathbf{v} \in \mathbb{R}^N$ で $\mathscr{P}$ に属さないものを適当に選ぶと

$$\mathscr{P}' = \mathrm{conv}(\mathscr{F} \cup \{\mathbf{v}\}) \cup \mathscr{P} \subset \mathbb{R}^N$$

が次元 $d$ の凸多面体となるようにできる。すると、凸多面体 $\mathscr{P}'$ の頂点の個数は $\mathscr{P}$ よりも一つ増え、$\mathscr{P}'$ のファセットの個数 $f_{d-1}(\mathscr{P}')$ は

$$f_{d-1}(\mathscr{P}') = f_{d-2}(\mathscr{F}) + f_{d-1}(\mathscr{P}) - 1$$

となる。なお、$\mathscr{P}$ が単体的凸多面体であれば、$\mathscr{P}'$ も単体的凸多面体である。

---

* T. S. Motzkin, Comonotone curves and polyhedra, Abstract III, *Bull. Amer. Math. Soc.* **63** (1957), 35.

次元 $d$ の**山積凸多面体**とは、$d$ 単体 $\mathscr{S}_d = \mathscr{S}_d^{(0)} \subset \mathbb{R}^d$ から出発し、テントを作る操作を繰り返すことから得られる次元 $d$ の単体的凸多面体のことである。特に、テントを作る操作の繰り返しが $v-d-1$ 回のとき、山積凸多面体を $\mathscr{S}_d^{(v)}$ と表す。すると、$\mathscr{S}_d^{(v)}$ の頂点の個数は $v$ となる。テントを作る操作は、どのファセットを選ぶかに依存するが、$\mathscr{S}_d^{(v)}$ の $f$ 列は $d$ と $v$ で表示される。実際、$\mathscr{S}_d^{(v)}$ の $i$ 面の個数 $f_i(\mathscr{S}_d^{(v)})$ は

$$f_i(\mathscr{S}_d^{(v)}) = \binom{d}{i}v - \binom{d+1}{i+1}i, \ \ 1 \le i \le d-2$$

$$f_{d-1}(\mathscr{S}_d^{(v)}) = (d-1)v - (d+1)(d-2)$$

となる。

**下限予想**　次元 $d$ の単体的凸多面体 $\mathscr{P}$ が $v$ 個の頂点を持つとき、その $f$ 列 $f(\mathscr{P}) = (f_0, f_1, \cdots, f_{d-1})$ は

$$f_i \ge f_i(S_d^{(v)}), \ \ i = 0, 1, \cdots, d-1$$

を満たす。

上限予想は、1970 年、ピーター・マクマレン（Peter McMullen, University College London）が、下限予想は、1973 年、デビッド・バーネット（David Barnette, University of California, Davis）が、それぞれ肯定的に解決することに成功した。


- P. McMullen, The maximum numbers of faces of a convex polytope, *Mathematika* 17 (1970), 179–184.
- D. Barnette, A proof of the lower bound conjecture for convex polytopes, *Pacific J. Math.* 46 (1973), 349–354.

すなわち、上限予想は**上限定理**と、下限予想は**下限定理**と、それぞれ、華麗なる昇段をする。マクマレンとバーネットの仕事は現代の凸多面体論を誕生させたといえよう。文献紹介のところでも言及したことでもあるが、Grünbaum［1］からは、その現代的潮流を誕生させる肥沃な土壌を育んだ凸多面体の研究者らの情熱を感じることができよう。

マクマレンは、上限定理を証明する礎とし、凸多面体の $h$ 列の概念を提唱した。その $h$ 列は、その後、可換代数と凸多面体論との遭遇を誘うこととなる。次元 $d$ の凸多面体 $\mathscr{P} \subset \mathbb{R}^N$ の $f$ 列 $f(\mathscr{P}) = (f_0, f_1, \cdots, f_{d-1})$ から、数列 $(h_0, h_1, \cdots, h_d)$ を

$$\sum_{i=0}^{d} f_{i-1}(x-1)^{d-i} = \sum_{i=0}^{d} h_i x^{d-i} \tag{22}$$

により定義する。ただし、$f_{-1} = 1$ である。数列

$$h(\mathscr{P}) = (h_0, h_1, \cdots, h_d)$$

を凸多面体 $\mathscr{P}$ の $\boldsymbol{h}$ **列**と呼ぶ。すると、

$$h_0 = 1,\ h_1 = f_0 - d,\ h_0 + h_1 + \cdots + h_d = f_{d-1}$$

である。もちろん、凸多面体の $f$ 列を知ることと $h$ 列を知ることは同値である。次元 $d$ の単体的凸多面体 $\mathscr{P} \subset \mathbb{R}^N$ の $h$ 列を $h(\mathscr{P}) = (h_0, h_1, \cdots, h_d)$ とすると、

- デーン－サマービル方程式は

$$h_i = h_{d-i},\ \ 0 \leq i \leq d$$

- 上限予想の不等式は

$$h_i \leq \binom{v-d+i-1}{i}, \;\; 0 \leq i \leq \lfloor \frac{d}{2} \rfloor \qquad (23)$$

- 下限予想の不等式は

$$h_1 \leq h_i, \;\; 2 \leq i \leq d-1$$

と、それぞれ、表示される。マクマレンは、次元 $d$ の単体的凸多面体のファセットの集合が殻化可能（shellable）である*ことを駆使し、$h$ 列が不等式 (23) を満たすことを示すことから、上限予想を肯定的に解決している。文献紹介のテキスト［2］は、マクマレンが歴史に残る偉業を成し遂げた直後に著されたものである。

ところで、定理（4.1）は、次元 3 の凸多面体の $f$ 列を決定している。それから、補題（4.2）は、次元 3 の単体的凸多面体の $f$ 列を決定している。すると、一般の次元 $d \geq 4$ の凸多面体、あるいは、単体的凸多面体の $f$ 列を決定するという問題が浮上する。結論からいうと、凸多面体の $f$ 列を決定する問題は $d = 4$ のときですら、その糸口もわからない。反面、単体的凸多面体の $f$ 列を決定する問題は、一般の次元で解決されている。単体的凸多面体の $f$ 列の決定に関する予想は、$h$ 列を駆使し、マクマレンが提唱し、マクマレン $g$ 予想と呼ばれている。

- P. McMullen, The numbers of faces of simplicial polytopes, *Israel J. Math.* **9** (1971), 559–570.

---

* H. Bruggesser and P. Mani, Shellable decompositions of cells and spheres, *Math. Scand.* **29** (1971), 197–205.

マクマレン $g$ 予想を紹介するには、ちょっと準備が必要である。正の整数 $f$ と $i$ が与えられたとき、

$$f = \binom{n_i}{i} + \binom{n_{i-1}}{i-1} + \cdots + \binom{n_j}{j}$$
$$n_i > n_{i-1} > \cdots > n_j \geq j \geq 1$$

となる表示（$f$ の $i$ 二項表示）が一意的に存在する。このとき

$$f^{\langle i \rangle} = \binom{n_i+1}{i+1} + \binom{n_{i-1}+1}{i} + \cdots + \binom{n_j+1}{j+1}$$

と定義し、さらに、$0^{\langle i \rangle} = 0$ と置く。たとえば、

$$14 = \binom{5}{3} + \binom{3}{2} + \binom{1}{1}$$

であるから、

$$14^{\langle 3 \rangle} = \binom{6}{4} + \binom{4}{3} + \binom{2}{2} = 20$$

である。

**マクマレン $g$ 予想**　整数を成分とする数列 $h = (h_0, h_1, \cdots, h_d)$ が与えられたとき、$h(\mathscr{P}) = h$ となる次元 $d$ の単体的凸多面体 $\mathscr{P}$ が存在するための必要十分条件は

(i) $h_0 = 1$

(ii) $h_i = h_{d-i},\ \ 0 \leq i \leq d$

(iii) $h_0 \leq h_1 \leq h_2 \leq \cdots \leq h_{\lfloor \frac{d}{2} \rfloor}$

(iv) $h_{i+1} - h_i \leq (h_i - h_{i-1})^{\langle i \rangle},\ \ 1 \leq i < \lfloor \frac{d}{2} \rfloor$

が成立することである。

なお、マクマレンは、$h_{i+1}-h_i$ を $g_i$ と記載していたから、$g$ 予想と呼ばれるようになったようである。

マクマレン $g$ 予想は、1980 年、「十分性」を Louis J. Billera（Cornell University）と Carl W. Lee（University of Kentucky）が証明することに成功した。彼らは、巡回凸多面体を繰り返し細分することから、$h(\mathscr{P})=h$ となる次元 $d$ の単体的凸多面体 $\mathscr{P}$ を構成している。

- L. J. Billera and C. W. Lee, Sufficiency of McMullen's conditions for $f$-vectors of simplicial polytopes, *Bull. Amer. Math. Soc.* 2 (1980), 181–185.
- L. J. Billera and C. W. Lee, A proof of the sufficiency of McMullen's conditions for f-vectors of simplicial convex polytopes, *J. Combin. Theory, Ser. A* 31 (1981), 237–255.

マクマレン $g$ 予想の「必要性」は、同じく 1980 年、Billera と Lee の仕事のすぐ後、リチャード・スタンレー（Richard P. Stanley, Massachusetts Institute of Technology）が代数幾何の理論を経由し、証明することに成功した。

- R. P. Stanley, The number of faces of a simplicial convex polytope, *Adv. Math.* 35 (1980), 236–238.

スタンレーの論文はわずか 3 ページである。まず、冒頭のページは、マクマレン $g$ 予想などの背景の紹介、次のページは 43 行で、前半の 33 行で証明が完結、残りの 10 行と最後のページは、補足、謝辞、文献となっている。その証明に不可欠な代数幾何の背景は［R. P. Stanley, The number of faces of simplicial polytopes and spheres, *in* "Discrete Geometry and Convexity" (J. E.  Goodman, et al., Eds.), Ann. New York Acad. Sci., vol. 440, 1985, pp.212–223］が詳しい。スタンレーの仕事は、凸多面体論の世界と代数幾何の世界にかかる虹の架け橋を創成し、凸多面体論の現代的潮流に劇的な飛躍を誘うこととなる。

我が国でも、スタンレーの仕事は、1981 年 9 月の京都大学数理解析研究所の研究集会 "Commutative Algebra and Algebraic Geometry" で Melvin Hochster が紹介した。修士課程の大学院生だった著者は、研究集会の会場の片隅に座り、Hochster の講演を聴いた。Hochster の講演を聴いてから 2 ヵ月後、著者は、凸多面体論の記念碑となる論文［R. P. Stanley, The upper bound conjecture and Cohen–Macaulay rings, *Stud. Appl. Math.* 54 (1975), 135–142］を読む機会に遭遇し、一晩で凸多面体論に興味を抱くようになった。

# 第4部

# 凸多面体のトレンドを追う

第4部は、凸多面体の2000年以降のトレンドの入り口を紹介する。凸多面体の面の数え上げの $f$ 列の理論は、1980年代の凸多面体論のトレンドである。2000年代に入り、凸多面体論のトレンドは、格子凸多面体が主流となり、とりわけ、格子凸多面体の分類を巡る研究は、もっとも脚光を浴びているといえよう。

第7章は、$xy$ 平面の格子凸多角形の双対性と反射性の理論を展開する。双対凸多角形、及び、反射的凸多角形を定義し、いわゆる12点定理（Twelve-Point Theorem）を証明する。加えて、ユニモジュラ写像とユニモジュラ同値の概念を紹介し、反射的凸多角形の分類作業を遂行する。

第8章は、$xyz$ 空間の格子凸多面体の双対性と反射性の議論（お喋り？）をする。詳しい証明は飛ばしているが、$xy$ 平面の凸多角形の双対性と反射性の探究を踏襲しているから、少なくとも、話の流れを楽しむことはできよう。反射性の理論は、$xy$ 平面の格子凸多角形と $xyz$ 空間の格子凸多面体では、雲泥の差がある。その雲泥の差を読者に披露しよう。

# 第7章

# 双対性と反射性

## 7.1 双対凸多角形と反射的凸多角形

$xy$ 平面の凸多角形の双対凸多角形を定義するとともに、反射的凸多角形の概念を導入する。

$xy$ 平面の点 $\mathbf{x} = (x_1, x_2)$ と $\mathbf{y} = (y_1, y_2)$ の内積を

$$\langle \mathbf{x}, \mathbf{y} \rangle = x_1 y_1 + x_2 y_2$$

と定義し、**距離**を

$$|\mathbf{x} - \mathbf{y}| = \sqrt{(x_1 - y_1)^2 + (x_2 - y_2)^2}$$

と定義する。

### a) 双対凸多角形

まず、高校数学の「不等式と領域」の簡単な練習問題から始めよう。

**問題**　$xy$ 平面の正方形 $\mathscr{P}$ の頂点が

$$(-1, -1), (-1, 1), (1, -1), (1, 1)$$

のとき、条件

$$\langle \mathbf{x}, \mathbf{y} \rangle \leq 1, \quad \forall \mathbf{y} \in \mathscr{P}$$

を満たす $\mathbf{x} \in \mathbb{R}^2$ の存在範囲 $\mathscr{Q}$ を図示せよ*。

［解答例］　対称性を考慮すると、$\mathbf{x} = (x_1, x_2)$ が条件を満たすならば、$(x_1, -x_2), (-x_1, x_2), (-x_1, -x_2)$ も条件を満たす。それゆえ、第 1 象限の存在範囲を考える。

いま、$x_1 \geq 0, x_2 \geq 0$ とし、$\mathbf{x} = (x_1, x_2)$ が条件を満たすならば、特に、$\mathbf{y} = (1,1)$ とすると、$x_1 + x_2 \leq 1$ となる。他方、任意の $\mathbf{y} = (y_1, y_2) \in \mathscr{P}$ は $y_1 \leq 1, y_2 \leq 1$ を満たす。それゆえ、$x_1 \geq 0, x_2 \geq 0, x_1 + x_2 \leq 1$ とすると

$$x_1 y_1 + x_2 y_2 \leq x_1 + x_2 \leq 1$$

となる。すなわち、第 1 象限の存在範囲は、不等式

$$x_1 + x_2 \leq 1$$

が表す領域である。

その結果、条件を満たす $\mathbf{x} = (x_1, x_2)$ の存在範囲 $\mathscr{Q}$ は、不等式

$$x_1 + x_2 \leq 1, x_1 - x_2 \leq 1, -x_1 + x_2 \leq 1, -x_1 - x_2 \leq 1$$

が表す領域、すなわち、

$$(1,0), (0,1), (-1,0), (0,-1)$$

---

*　なお、$\forall \mathbf{y} \in \mathscr{P}$ の $\forall$ は “for all” ということ、すなわち、「任意の……について」ということである。であるから、$\forall \mathbf{y} \in \mathscr{P}$ は、$\mathscr{P}$ に属する任意の $\mathbf{y}$ について、と読む。

を頂点とする正方形である。

なお、条件

$$\langle \mathbf{x}', \mathbf{y}' \rangle \leq 1, \quad \forall \mathbf{y}' \in \mathscr{Q}$$

を満たす $\mathbf{x}' \in \mathbb{R}^2$ の存在範囲は、$\mathscr{P}$ と一致する。

**定義　一般に、$xy$ 平面の集合 $\mathscr{A}$ があったとき、$xy$ 平面の集合 $\mathscr{A}^\vee \subset \mathbb{R}^2$ を**

$$\mathscr{A}^\vee = \{\, \mathbf{x} \in \mathbb{R}^2 : \langle \mathbf{x}, \mathbf{y} \rangle \leq 1, \, \forall \mathbf{y} \in \mathscr{A} \,\}$$

**と定義する。ただし、$\mathscr{A}$ は空集合ではないとする。**

すると、$xy$ 平面の部分集合の包含関係

$$\mathscr{A} \subset \mathscr{B}$$

があれば、

$$\mathscr{B}^\vee \subset \mathscr{A}^\vee$$

となる。

**(7.1) 補題　$xy$ 平面の集合 $\mathscr{A}^\vee \subset \mathbb{R}^2$ は、凸集合である。**

[証明]　まず、$xy$ 平面の原点 $\mathbf{0} = (0,0)$ は $\mathscr{A}^\vee$ に属するから、特に、$\mathscr{A}^\vee$ は空集合ではない。

いま、$\mathbf{a} \in \mathscr{A}^\vee$ と $\mathbf{a}' \in \mathscr{A}^\vee$ を結ぶ線分 $[\mathbf{a}, \mathbf{a}']$ の上の点

$$t\mathbf{a} + (1-t)\mathbf{a}', \;\; 0 \leq t \leq 1$$

が $\mathscr{A}^\vee$ に属することを示す。任意の $\mathbf{y} \in \mathscr{A}$ について

$$\langle \mathbf{a}, \mathbf{y} \rangle \leq 1, \; \langle \mathbf{a}', \mathbf{y} \rangle \leq 1$$

であるから

$$\langle t\mathbf{a}+(1-t)\mathbf{a}',\mathbf{y}\rangle = t\langle\mathbf{a},\mathbf{y}\rangle+(1-t)\langle\mathbf{a}',\mathbf{y}\rangle$$
$$\leq t+(1-t)=1$$

となる。すなわち、$[\mathbf{a},\mathbf{a}']\subset\mathscr{A}^{\vee}$ であるから、$\mathscr{A}^{\vee}$ は凸集合である。■

$xy$ 平面の原点 $\mathbf{0}$ を中心とする半径 $r>0$ の円盤 $\mathbb{B}_r(\mathbf{0})$ を

$$\mathbb{B}_r(\mathbf{0})=\{\,\mathbf{x}\in\mathbb{R}^2 : |\mathbf{x}|\leq r\,\}$$

と定義する。ただし、$|\mathbf{x}|$ は $\mathbf{x}$ と $\mathbf{0}$ との距離である。

$xy$ 平面の凸集合 $\mathscr{A}$ が有界であるとは、十分大きな $r>0$ を選ぶと

$$\mathscr{A}\subset\mathbb{B}_r(\mathbf{0})$$

となるときにいう。

$xy$ 平面の直線 $\mathscr{H}$ の定義方程式が $ax+by+c=0$ のとき、直線 $\mathscr{H}$ が定義する**閉半平面**とは

$$\mathscr{H}^{(+)}=\{\,(x,y)\in\mathbb{R}^2; ax+by+c\geq 0\,\}$$

$$\mathscr{H}^{(-)}=\{\,(x,y)\in\mathbb{R}^2; ax+by+c\leq 0\,\}$$

のことである。すると、

$$\mathscr{H}^{(+)}\cap\mathscr{H}^{(-)}=\mathscr{H}$$

である。なお、

$$\mathscr{H}^{(+)}\setminus\mathscr{H}=\{\,(x,y)\in\mathbb{R}^2; ax+by+c>0\,\}$$

$$\mathscr{H}^{(-)}\setminus\mathscr{H}=\{\,(x,y)\in\mathbb{R}^2; ax+by+c<0\,\}$$

を**開半平面**と呼ぶこともある。それらの境界は

$$\partial(\mathscr{H}^{(+)} \setminus \mathscr{H}) = \partial(\mathscr{H}^{(-)} \setminus \mathscr{H}) = \mathscr{H}$$

である。

**(7.2) 補題　原点を中心とする半径 $r > 0$ の小さな円盤 $\mathbb{B}_r(\mathbf{0})$ が $\mathscr{A}$ に含まれるならば、$\mathscr{A}^\vee \subset \mathbb{R}^2$ は有界な集合となる。**

[証明]　原点を中心とする半径 $r > 0$ が十分小さな円盤 $\mathbb{B}_r(\mathbf{0})$ が $\mathscr{A}$ に含まれるとすると、

$$\mathscr{A}^\vee \subset \mathbb{B}_r(\mathbf{0})^\vee$$

となる。その右辺は、原点を中心とする半径 $\frac{1}{r} > 0$ の円盤となる。したがって、$\mathscr{A}^\vee$ は有界な集合となる。■

双対凸多角形を導入する準備をする。

**(7.3) 定理　$xy$ 平面の凸多角形 $\mathscr{P}$ は原点を内部に含むとする。このとき、$\mathscr{P}^\vee$ も原点を内部に含む凸多角形である。しかも、**

$$(\mathscr{P}^\vee)^\vee = \mathscr{P}$$

**となる。**

[証明]　(第 1 段) 凸多角形 $\mathscr{P}$ の頂点の全体の集合を $V(\mathscr{P})$ とし、$\mathbf{a} = (a_1, a_2) \in V(\mathscr{P})$ に、不等式

$$a_1x_1 + a_2x_2 \leq 1$$

が定義する領域 $\mathscr{G}_\mathbf{a}$ を対応させる。すなわち、

$$\mathscr{G}_\mathbf{a} = \{(x_1, x_2) \in \mathbb{R}^2 : a_1x_1 + a_2x_2 \leq 1\}$$

である。以下、

$$\mathscr{P}^\vee = \bigcap_{\mathbf{a}\in V(\mathscr{P})} \mathscr{G}_\mathbf{a} \tag{24}$$

を示す。簡単のため、その右辺を $\mathscr{Q}$ と表す。

まず、$\mathbf{x} = (x_1, x_2) \in \mathscr{P}^\vee$ とすると、$\mathscr{P}^\vee$ の定義から

$$\langle \mathbf{x}, \mathbf{a} \rangle = a_1x_1 + a_2x_2 \leq 1, \ \ \forall \mathbf{a} = (a_1, a_2) \in V(\mathscr{P})$$

である。換言すると、$\mathbf{x} \in \mathscr{Q}$ である。それゆえ、$\mathscr{P}^\vee \subset \mathscr{Q}$ が従う。

逆に、$\mathbf{x} \in \mathscr{Q}$ とし、任意の $\mathbf{y} \in \mathscr{P}$ を選ぶ。すると、

$$\mathbf{y} = \sum_{\mathbf{a}\in V(\mathscr{P})} r_\mathbf{a}\,\mathbf{a}, \ \ \ r_\mathbf{a} \geq 0, \ \ \ \sum_{\mathbf{a}\in V(\mathscr{P})} r_\mathbf{a} = 1 \tag{25}$$

なる表示が存在する*。実際、$\mathscr{P}$ を対角線を使い、三角形分割すると、$\mathscr{P}$ の頂点 $\mathbf{a}, \mathbf{a}', \mathbf{a}''$ を適当に選んで、$\mathbf{y}$ が、$\mathbf{a}, \mathbf{a}', \mathbf{a}''$ を頂点とする三角形に属するようにできるから、

$$\mathbf{y} = r\mathbf{a} + r'\mathbf{a}' + r''\mathbf{a}'', \ \ r, r', r'' \geq 0, \ \ r + r' + r'' = 1$$

となる表示が存在する。特に、表示 (25) が存在する。

すると、

$$\begin{aligned} \langle \mathbf{x}, \mathbf{y} \rangle &= \langle \mathbf{x}, \sum_{\mathbf{a}\in V(\mathscr{P})} r_\mathbf{a}\,\mathbf{a} \rangle \\ &= \sum_{\mathbf{a}\in V(\mathscr{P})} r_\mathbf{a} \langle \mathbf{x}, \mathbf{a} \rangle \\ &\leq \sum_{\mathbf{a}\in V(\mathscr{P})} r_\mathbf{a} = 1 \end{aligned}$$

---

* 定理（6.3）も参照されたい。

となるから、$\mathbf{x} \in \mathscr{P}^\vee$ が従う。

以上の結果、表示 (24) が示された。特に、$xy$ 平面の部分集合 $\mathscr{P}^\vee$ は有限個の閉半平面の共通部分であり、原点を中心とする半径 $r > 0$ が十分小さな円盤 $\mathbb{B}_r(\mathbf{0})$ を含む。さらに、補題（7.2）から、$\mathscr{P}^\vee$ は、有界な集合である。したがって、$\mathscr{P}$ は凸多角形である[*1]。

（第２段）等式 $(\mathscr{P}^\vee)^\vee = \mathscr{P}$ を示す。凸多角形 $\mathscr{P}^\vee$ の定義から、$\mathscr{P}^\vee$ に属する任意の $\mathbf{x}$ と $\mathscr{P}$ に属する任意の点 $\mathbf{y}$ は $\langle \mathbf{x}, \mathbf{y} \rangle \leq 1$ を満たす。すると、$(\mathscr{P}^\vee)^\vee$ の定義から、$\mathscr{P} \subset (\mathscr{P}^\vee)^\vee$ である。

逆の包含関係 $(\mathscr{P}^\vee)^\vee \subset \mathscr{P}$ を示すため、$\mathbf{z} = (z_1, z_2) \notin \mathscr{P}$ とすると、直線 $px_1 + qx_2 = 1$ を選んで、$\mathscr{P}$ は不等式 $px_1 + qx_2 < 1$ が表す領域に属し、$\mathbf{z}$ は $pz_1 + qz_2 > 1$ を満たすようにできる。すると、$(p, q)$ は $\mathscr{P}^\vee$ に属する。しかしながら、$pz_1 + qz_2 > 1$ であるから $\mathbf{z}$ は $(\mathscr{P}^\vee)^\vee$ に属さない。その結果、$(\mathscr{P}^\vee)^\vee \subset \mathscr{P}$ が従う。■

**定義**　$xy$ **平面の凸多角形** $\mathscr{P}$ **が原点を内部に含むとき、凸多角形** $\mathscr{P}^\vee$ **を** $\mathscr{P}$ **の双対凸多角形と呼ぶ。**

**（7.4）補題　双対凸多角形** $\mathscr{P}^\vee$ **の表示 (24) は、無駄のない表示**[*2]**である。**

---

＊1　準備（第０章！）の凸多角形の定義を参照されたい。

＊2　すなわち、任意の $\mathbf{a}' \in V$ について、$\bigcap_{\mathbf{a} \in V(\mathscr{P}) \setminus \{\mathbf{a}'\}} \mathscr{G}_\mathbf{a}$ は $\bigcap_{\mathbf{a} \in V(\mathscr{P})} \mathscr{G}_\mathbf{a}$ を真に含む。

［証明］　表示 (24) において、$\mathbf{a}' \in V(\mathscr{P})$ に対応する領域 $\mathscr{G}_{\mathbf{a}'}$ が無駄だとする。いま、$V(\mathscr{P}) \setminus \{\mathbf{a}'\}$ を頂点の全体とする凸多角形 $\mathscr{P}'$ が原点を内部に含むならば、その双対凸多角形 $(\mathscr{P}')^{\vee}$ は

$$\bigcap_{\mathbf{a} \in V(\mathscr{P}) \setminus \{\mathbf{a}'\}} \mathscr{G}_{\mathbf{a}}$$

であるから、すなわち、$\mathscr{P}^{\vee}$ と一致する。すると、

$$\mathscr{P}' = ((\mathscr{P}')^{\vee})^{\vee} = (\mathscr{P}^{\vee})^{\vee} = \mathscr{P}$$

であるから、$\mathscr{P} = \mathscr{P}'$ となる。これは矛盾である。

他方*1、$V(\mathscr{P}) \setminus \{\mathbf{a}'\}$ を頂点の全体とする凸多角形 $\mathscr{P}'$ が原点を内部に含まないとし、$\mathbf{a}'$ と隣接する頂点*2 $\mathbf{a}''$ と $\mathbf{a}'''$ を

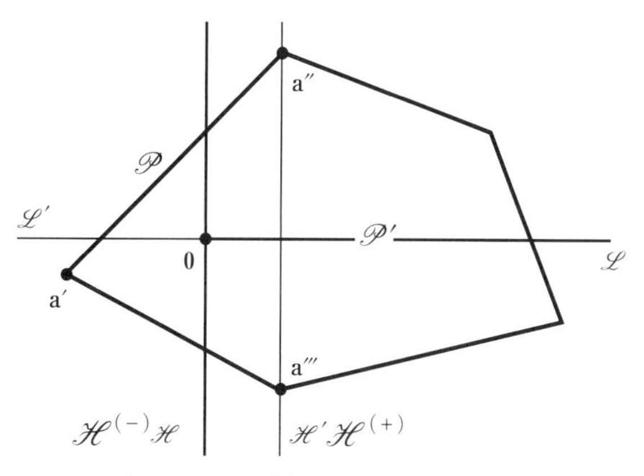


（図 7−1）　凸多角形 $\mathscr{P}'$ と閉半直線 $\mathscr{L}'$

---

*1　（図 7−1）を参照されたい。

*2　頂点 $\mathbf{a}'$ と辺で結ばれる頂点を $\mathbf{a}'$ と隣接する頂点という。

通過する直線を $\mathscr{H}'$ とし、さらに、直線 $\mathscr{H}'$ と平行で原点を通過する直線を $\mathscr{H}$ とすると、$\mathscr{P}' \subset \mathscr{H}^{(+)}$ と $\mathbf{a}' \in \mathscr{H}^{(-)} \setminus \mathscr{H}$ が成立する*。

原点を通過し、$\mathscr{H}$ と直交する直線を $\mathscr{L}$ とし、

$$\mathscr{L}' = \mathscr{L} \cap \mathscr{H}^{(-)}$$

とすると、$\mathscr{L}'$ 上の任意の点 $\mathbf{x}$ と任意の $\mathbf{v} \in V(\mathscr{P}) \setminus \{\mathbf{a}'\}$ の内積は $\langle \mathbf{x}, \mathbf{a}' \rangle \leq 0$ となる。すると、表示 (24) の右辺の共通部分から $\mathbf{a}' \in V(\mathscr{P})$ に対応する領域 $\mathscr{G}_{\mathbf{a}'}$ を除去すると、その共通部分は $\mathscr{L}'$ を含むから、特に、有界な集合にならない。すると、$\mathscr{P}^{\vee}$ の表示となることは不可能である。■

**(7.5) 系　(a) 凸多角形 $\mathscr{P}$ の頂点を**

$$(a_1, b_1), (a_2, b_2), \cdots, (a_v, b_v)$$

**とすると、双対凸多角形 $\mathscr{P}^{\vee}$ の辺を定義する直線は**

$$a_1 x + b_1 y = 1, a_2 x + b_2 y = 1, \cdots, a_v x + b_v y = 1 \tag{26}$$

**である。**

**(b) 双対凸多角形 $\mathscr{P}^{\vee}$ の頂点を**

$$(a'_1, b'_1), (a'_2, b'_2), \cdots, (a'_{v'}, b'_{v'})$$

**とすると、凸多角形 $\mathscr{P}$ の辺を定義する直線は**

$$a'_1 x + b'_1 y = 1, a'_2 x + b'_2 y = 1, \cdots, a'_{v'} x + b'_{v'} y = 1$$

**である。**

---

* ただし、$\mathscr{H}^{(+)}$ と $\mathscr{H}^{(-)}$ が入れ替わることは無視する。

［証明］　表示 (24) は無駄がないから、まず、(26) のそれぞれの直線は $\mathscr{P}^\vee$ の 2 個の頂点を含む。しかも、

$$\mathscr{P}^\vee \subset \mathscr{G}_{\mathbf{a}}, \ \ \mathbf{a} \in V(\mathscr{P})$$

であるから、(26) のそれぞれの直線は $\mathscr{P}^\vee$ の内部とは交わらない。すると、(26) のそれぞれの直線は $\mathscr{P}^\vee$ の辺を定義する。

一般に、双対凸多角形 $\mathscr{P}^\vee$ の辺を定義する直線を

$$c_i x + d_i y = 1, \ \ i = 1, 2, \cdots, s$$

とすると、表示

$$\mathscr{P}^\vee = \bigcap_{i=1}^{s} \mathscr{G}_{(c_i, d_i)}$$

は無駄のない表示である*1。すると、直線 (26) のいずれの直線とも異なる直線が $\mathscr{P}^\vee$ の辺を定義するならば、表示 (24) の右辺

$$\bigcap_{\mathbf{a} \in V(\mathscr{P})} \mathscr{G}_{\mathbf{a}}$$

は、$\mathscr{P}^\vee$ を真に含む。すなわち、$\mathscr{P}^\vee$ と一致しない。

以上の結果、(a) が示せた。定理（7.3）の $(\mathscr{P}^\vee)^\vee = \mathscr{P}$ と (a) から (b) が従う。■

凸多角形とその双対凸多角形を例示する*2。

---

＊1　定理（6.15）も参照されたい。
＊2　（図 7−2）の左図と右図は、それぞれ、実線の凸多角形の双対凸多角形が点線の凸多角形である。

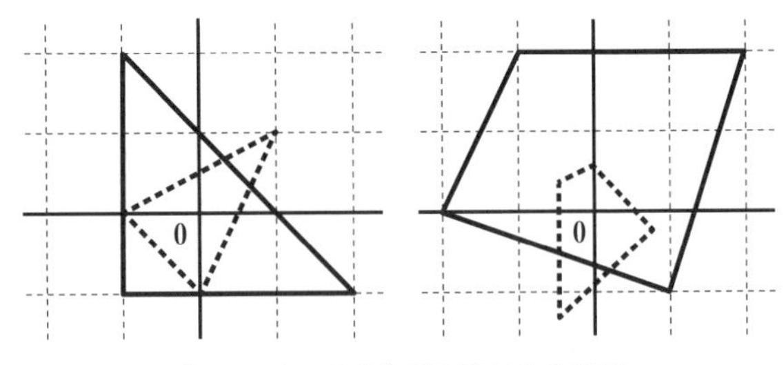


（図 7－2） 凸多角形と双対凸多角形

b） 反射的凸多角形

反射的凸多角形の概念を導入する。

**定義** $xy$ 平面の原点を内部に含む格子凸多角形 $\mathscr{P}$ が**反射的凸多角形**であるとは、その双対凸多角形 $\mathscr{P}^{\vee}$ が格子凸多角形になるときにいう。

定理（7.3）から、反射的凸多角形の双対凸多角形も反射的凸多角形である。他方、反射的凸多角形とは、内部に属する格子点が原点のみとなる格子凸多角形である。実際、

**（7.6）定理** $xy$ 平面の原点を内部に含む格子凸多角形 $\mathscr{P}$ が反射的凸多角形となるための必要十分条件は、$\mathscr{P}$ の内部に属する格子点が原点のみとなることである。

［証明］（必要性）凸多角形 $\mathscr{P}$ の内部に原点以外の格子点 $(p,q)$ が属し、$\mathscr{P}$ の隣接する頂点 $\mathbf{a}, \mathbf{a}'$ と原点を頂点とする三角形に $(p,q)$ が含まれるとする。格子点 $(p,q)$ は $\mathscr{P}$ の内部に属するから、$\mathbf{a}$ と $\mathbf{a}'$ を結ぶ辺の上には存在しない。その辺を定義する直線を $ax+by=1$ とすると、$ap+bp=r$ とな

る $0<r<1$ が存在する。ところが、$p$ と $q$ は整数であるから、$a$ と $b$ の両者が整数となることは不可能である。すると、双対凸多角形 $\mathscr{P}^\vee$ の頂点 $(a,b)$ は格子点とはならない。すなわち、$\mathscr{P}$ は反射的凸多角形ではない。

（十分性）格子凸多角形 $\mathscr{P}$ の内部に属する格子点が原点のみであると仮定する。いま、$\mathscr{P}$ の隣接する頂点 $\mathbf{a}$ と $\mathbf{a}'$ を選び、辺 $[\mathbf{a},\mathbf{a}']$ に属する格子点 $\mathbf{a}'''$（ただし、$\mathbf{a}''' \neq \mathbf{a}$）で $\mathbf{a}$ にもっとも近いものを選ぶと、$\mathbf{0},\mathbf{a},\mathbf{a}'''$ を頂点とする格子三角形は空の三角形である。すると、その面積が $\frac{1}{2}$ であることから、$\mathbf{a}=(a,b), \mathbf{a}'''=(a',b')$ とすると、$ab'-a'b=\pm 1$ である。辺 $[\mathbf{a},\mathbf{a}']$ を定義する直線の方程式を $px+qy=1$ とすると、

$$pa+qb=1, \quad pa'+qb'=1$$

となる。すると、$ab'-a'b=\pm 1$ であることから

$$p=\pm(b'-b), \quad q=\pm(a-a')$$

となる。特に、$p$ と $q$ は整数であるから、$\mathscr{P}^\vee$ の頂点 $(p,q)$ は格子点となる。すなわち、$\mathscr{P}^\vee$ は格子凸多角形である。すなわち、$\mathscr{P}$ は反射的凸多角形である。■

定理（7.6）の御利益から、$xy$ 平面の反射的凸多角形の議論は至って簡単なものとなる。しかしながら、第 8 章で紹介するように、$xyz$ 空間の反射的凸多面体の理論は複雑怪奇なものであり、その乖離は著しい。

冒頭の「問題」の $(\pm 1,\pm 1)$ を頂点とする正方形 $\mathscr{P}$ とその双対凸多角形である正方形 $\mathscr{Q}$ を考えよう。正方形 $\mathscr{P}$ の境界に属する格子点の個数は 8 個、その双対凸多角形 $\mathscr{Q}$ の

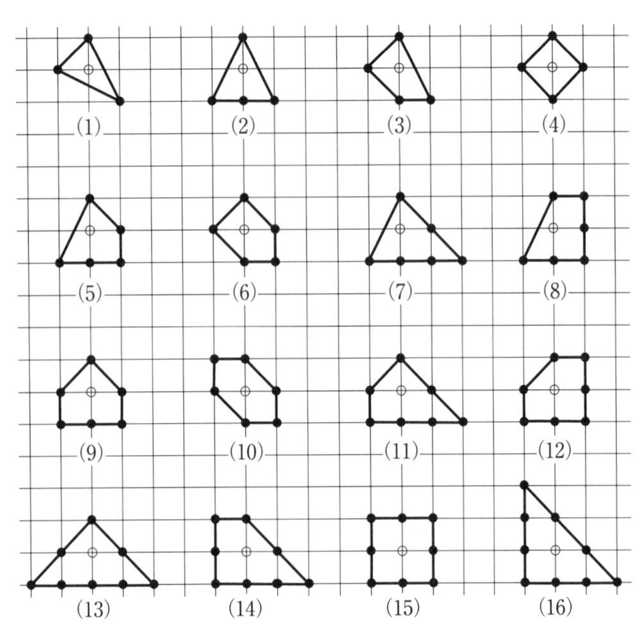


**（図 7−3） 反射的凸多角形**

境界に属する格子点の個数は 4 個である。その和は 12 である。その事実は、一般の反射的凸多角形について成立する結果で、それが、第 2 節で紹介する 12 点定理である。そのような華麗な理論は、$xy$ 平面に限るものであり、その類似は、$xyz$ 空間では成立しない。

以下、第 2 節と第 3 節で、$xy$ 平面の固有の理論を楽しむこととしよう。

反射的凸多角形の 16 個の例を列挙しよう。

たとえば、反射的凸多角形（4）の双対凸多角形は、反射的凸多角形（15）である。

反射的凸多角形（16）の双対凸多角形は

$$(-1,0),\ (0,-1),\ (1,1)$$

を頂点とする反射的凸多角形である。すなわち、反射的凸多角形（1）を原点を中心に反時計回りに 90° 回転させたものである。すると、反射的凸多角形（16）の双対凸多角形は、反射的凸多角形（1）である、といえるだろう。

反射的凸多角形（12）の双対凸多角形の原点に関する点対称な反射的凸多角形は、反射的凸多角形（6）である。

反射的凸多角形（10）の双対凸多角形は

$$(1,1),\ (1,0),\ (0,1),\ (-1,-1),\ (-1,0),\ (0,-1)$$

を頂点とする反射的凸多角形である。すなわち、それ自身を原点を中心に反時計回りに 90° 回転させたものである。すると、反射的凸多角形（10）の双対凸多角形は、それ自身である、といえるだろう。

反射的凸多角形（7）とその双対凸多角形は、原点に関する点対称の位置にある。すると、反射的凸多角形（7）の双対凸多角形は、それ自身である。

一般に、$\mathscr{P}^{\vee} = \mathscr{P}$ となる反射的凸多角形を**自己双対**な反射的凸多角形という*。

## 7.2　12 点定理

反射的凸多角形の双対凸多角形をうまく作図することを考

---

* 厳密には、後ほど導入されるユニモジュラ同値の概念を使い、$\mathscr{P}$ と $\mathscr{P}^{\vee}$ がユニモジュラ同値であるとき、$\mathscr{P}$ を自己双対な反射的凸多角形という。

えよう。反射的凸多角形 $\mathscr{P}$ の頂点を時計回りに $\mathbf{a}_1, \mathbf{a}_2, \cdots, \mathbf{a}_n$ とする。原点を始点とし、ベクトル $\overrightarrow{\mathbf{a}_i \mathbf{a}_{i+1}}$ に平行で長さの等しいベクトルを $\mathbf{v}_i$ とする。ただし、$i = n$ のとき、$i+1$ は 1 とする。このとき、ベクトル $\mathbf{v}_i$ 上に存在する格子点のうち、原点とは異なり、原点にもっとも近いものを $\mathbf{a}_i^*$ とする。なお、図示されているベクトルを、便宜上、両端を含む線分と考えている。さらに、格子点 $\mathbf{a}_1^*, \mathbf{a}_2^*, \cdots, \mathbf{a}_n^*$ の凸閉包を $\mathscr{P}^*$ と定義する*。

辺 $\mathbf{a}_i \mathbf{a}_{i+1}$ を定義する直線の方程式を $ax + by = 1$ とするとき、原点を通過し、その直線に平行な直線 $ax + by = 0$ の上にある格子点のうち、原点とは異なり、原点にもっとも近いものは $(-b, a)$ と $(b, -a)$ である。

[証明] なぜならば、直線 $ax + by = 0$ の上の点は実数 $r$ を使い $r(-b, a)$ と表示できるが、$a$ と $b$ は互いに素な整数であることから、$r(-b, a)$ が格子点となるのは、$r$ が整数のときに限るからである。■

すると、時計回りに頂点の番号を振っていることから、

$$\mathbf{a}_i^* = (b, -a)$$

が従う。

[証明] たとえば、$a > 0, b < 0$ とすると、直線 $ax + by = 1$ は $x$ 軸の正の部分と交わり、$y$ 軸の負の部分と交わる。すると、「時計回り」ということから、$\mathbf{a}_i^*$ は第 3 象限に存在する。

---

* 後ほど、$\mathscr{P}^*$ が $\mathbf{a}_1^*, \mathbf{a}_2^*, \cdots, \mathbf{a}_n^*$ を頂点とする格子凸多角形であることが判明する。

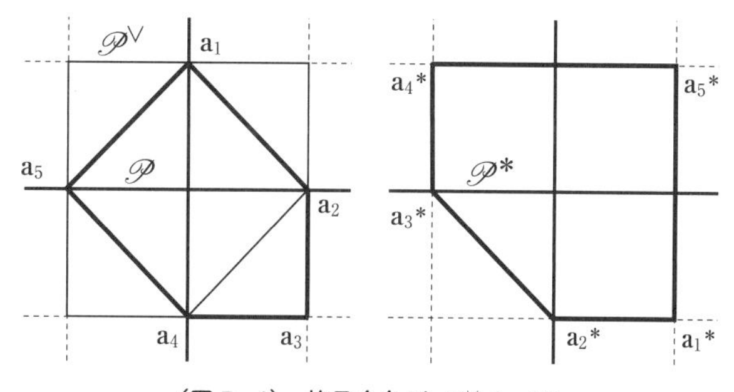


**（図 7-4）　格子多角形 $\mathscr{P}^\vee$ と $\mathscr{P}^*$**

いま、$(-b,a)$ は第 1 象限に、$(b,-a)$ は第 3 象限に存在するから、$\mathbf{a}_i^* = (b,-a)$ となる。■

反射凸多角形 $\mathscr{P}$ の辺を定義する直線 $ax+by=1$ と双対凸多面体 $\mathscr{P}^\vee$ の頂点 $(a,b)$ が対応すること（系（7.5））に着目すると、格子凸多角形 $\mathscr{P}^*$ は双対凸多角形 $\mathscr{P}^\vee$ を直線 $y=x$ に関して折り返し、さらに、$x$ 軸に関して折り返すことから得られる。

すると、格子点の幾何の観点からは、$\mathscr{P}^\vee$ を探究することと $\mathscr{P}^*$ を探究することに差異はない。であるから、しばらくの間、$\mathscr{P}^*$ を $\mathscr{P}$ の双対凸多角形と考えることにしよう。

反射的凸多角形に関するもっとも顕著な定理を示そう。定理（7.7）は、**12 点定理**（Twelve-Point Theorem）と呼ばれる。

**（7.7）定理　反射的凸多角形 $\mathscr{P}$ の境界に属する格子点の個数を $b(\mathscr{P})$ とし、その双対凸多角形 $\mathscr{P}^\vee$ の境界に属する格子点の個数を $b(\mathscr{P}^\vee)$ とすると**

$$b(\mathscr{P})+b(\mathscr{P}^{\vee})=12$$

**が成立する。**

［証明*］（第 1 段）反射的凸多角形 $\mathscr{P}$ の頂点 $\mathbf{a}_i$ と辺

$$\mathscr{E}_-=\mathbf{a}_{i-1}\,\mathbf{a}_i,\ \ \mathscr{E}_+=\mathbf{a}_i\,\mathbf{a}_{i+1}$$

を考えよう。辺 $\mathscr{E}_-$ に属する格子点のうち、$\mathbf{a}_i$ とは異なり、$\mathbf{a}_i$ にもっとも近いものを $\mathbf{x}$ とし、辺 $\mathscr{E}_+$ に属する格子点のうち、$\mathbf{a}_i$ とは異なり、$\mathbf{a}_i$ にもっとも近いものを $\mathbf{x}'$ とする。いま、$\mathbf{a}_i, \mathbf{x}, \mathbf{x}'$ を頂点とする三角形 $\mathscr{A}_i$ は空であると仮定する。すると、$\mathscr{P}$ から三角形 $\mathscr{A}_i$ を切り落とすことから得られる格子凸多角形 $\mathscr{P}_i$ も、定理（7.6）から、反射的凸多角形である。しかも、

$$b(\mathscr{P}_i)=b(\mathscr{P})-1 \tag{27}$$

となる。

以下、

$$b(\mathscr{P}_i^*)=b(\mathscr{P}^*)+1 \tag{28}$$

を示す。

格子凸多角形 $\mathscr{P}^*$ の頂点 $\mathbf{a}_{i-1}^*$ と頂点 $\mathbf{a}_i^*$ を考える。原点を始点とし $\mathbf{a}_{i-1}^*$ を終点とするベクトルは $\overrightarrow{\mathbf{x}\mathbf{a}_i}$ となる。原点を始点とし $\mathbf{a}_i^*$ を終点とするベクトルは $\overrightarrow{\mathbf{a}_i\mathbf{x}'}$ となる。格子点 $\mathbf{x}$ と $\mathbf{x}'$ は反射的凸多角形 $\mathscr{P}_i$ の隣接する頂点である。三角形 $\mathscr{A}_i$ は空であるから、辺 $[\mathbf{x}\mathbf{x}']$ は端点以外の格子点を含まない。すると、原点を始点とし、ベクトル $\overrightarrow{\mathbf{x}\mathbf{x}'}$ に平行なベクトルの

---

∗［D. Repovš, M. Skopenkov and M. Cencelj, A short proof of the twelve-point theorem, *Math. Notes* **77** (2005), 108–111］に沿っている。

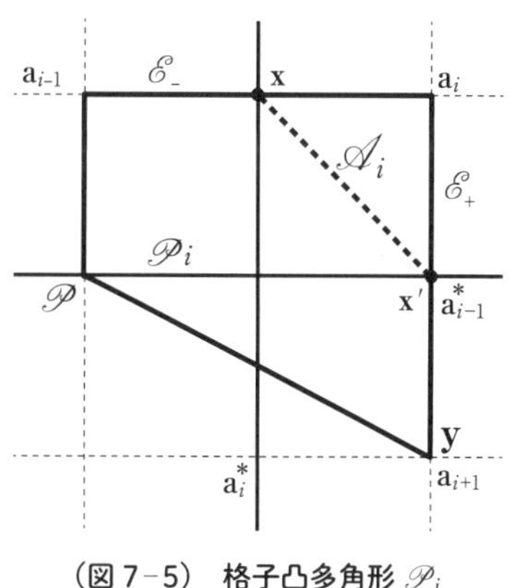


（図 7−5）　格子凸多角形 $\mathscr{P}_i$

終点 $\mathbf{y}$ は $\mathscr{P}_i^*$ の頂点となる。すなわち、$\mathscr{P}_i^*$ の頂点は

$$\mathbf{a}_1^*, \mathbf{a}_2^*, \cdots, \mathbf{a}_{i-1}^*, \mathbf{y}, \mathbf{a}_i^*, \cdots, \mathbf{a}_n^*$$

となる。いま、$\overrightarrow{\mathbf{x}\mathbf{x}'} = \overrightarrow{\mathbf{x}\mathbf{a}_i} + \overrightarrow{\mathbf{a}_i\mathbf{x}'}$ である。すると、原点と $\mathbf{a}_{i-1}^*, \mathbf{y}, \mathbf{a}_i^*$ を頂点とする平行四辺形は、三角形 $\mathscr{A}_i$ が空であることから、頂点以外の格子点を含まない。特に、$\mathscr{P}^*$ の辺 $\mathbf{a}_{i-1}^*\mathbf{a}_i^*$ とともに、$\mathscr{P}_i^*$ の辺 $\mathbf{a}_{i-1}^*\mathbf{y}$ と辺 $\mathbf{y}\mathbf{a}_i^*$ は端点以外の格子点を含まない。以上の結果、等式 (28) が従う。

ただし、以上の議論は、$\mathbf{x} \neq \mathbf{a}_{i-1}$ と $\mathbf{x}' \neq \mathbf{a}_{i+1}$ の両者が成立するときに限り有効である。たとえば、$\mathbf{x} = \mathbf{a}_{i-1}$ としよう。すると、$\mathbf{a}_{i-1}^*$ は $\mathscr{P}_i^*$ の頂点とはならない。しかしながら、$\mathbf{a}_{i-1}^*$ は $\mathscr{P}_i^*$ の辺 $\mathbf{a}_{i-2}^*\mathbf{y}$ に属し、しかも、$\mathbf{a}_{i-1}^* \neq \mathbf{a}_{i-2}^*, \mathbf{a}_{i-1}^* \neq \mathbf{y}$ となる。

実際、辺 $\mathbf{a}_{i-2}\mathbf{a}_{i-1}$ に属する格子点のうち、$\mathbf{a}_{i-1}$ とは異なり、$\mathbf{a}_{i-1}$ にもっとも近いものを $\mathbf{x}''$ とすると、原点を始点とし、ベクトル $\overrightarrow{\mathbf{x}''\mathbf{a}_{i-1}}$ に平行なベクトルの終点は $\mathbf{a}_{i-2}^*$ である。

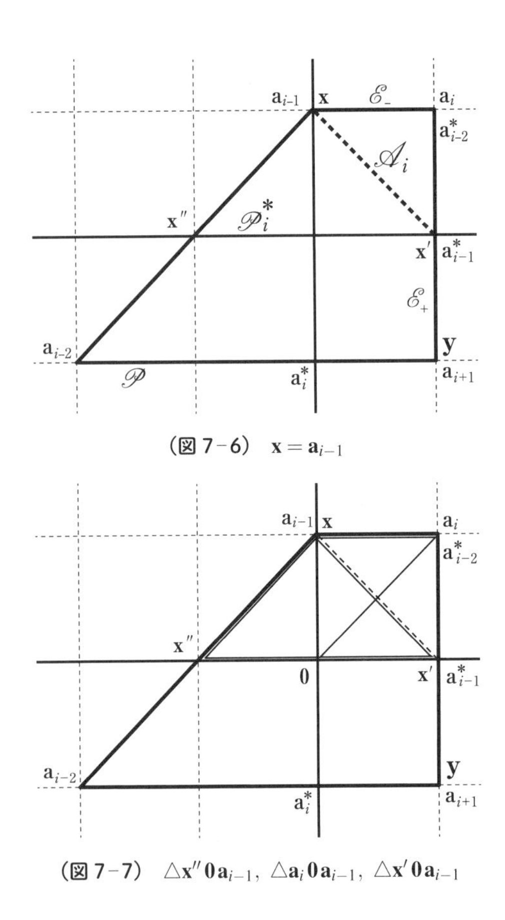


（図 7−6） $\mathbf{x} = \mathbf{a}_{i-1}$



（図 7−7） $\triangle\mathbf{x}''\mathbf{0}\mathbf{a}_{i-1}$, $\triangle\mathbf{a}_i\mathbf{0}\mathbf{a}_{i-1}$, $\triangle\mathbf{x}'\mathbf{0}\mathbf{a}_{i-1}$

原点を $\mathbf{0}$ とするとき、辺 $\mathbf{0}\mathbf{a}_{i-1}$ を共有する三角形

$$\triangle\mathbf{x}''\mathbf{0}\mathbf{a}_{i-1},\ \triangle\mathbf{a}_i\mathbf{0}\mathbf{a}_{i-1},\ \triangle\mathbf{x}'\mathbf{0}\mathbf{a}_{i-1}$$

はいずれも空であるから、それらの面積は $\frac{1}{2}$ に等しい。すると、格子点 $\mathbf{a}^*_{i-2}, \mathbf{a}^*_{i-1}, \mathbf{y}$ は直線 $\mathbf{0}\mathbf{a}_{i-1}$ に平行な一直線上に

ある。さらに、ベクトル

$$\overrightarrow{\mathbf{x}''\mathbf{a}_{i-1}},\ \overrightarrow{\mathbf{a}_{i-1}\mathbf{a}_i},\ \overrightarrow{\mathbf{a}_{i-1}\mathbf{x}'}$$

は異なるから、$\mathbf{a}_{i-1}^* \neq \mathbf{a}_{i-2}^*, \mathbf{a}_{i-1}^* \neq \mathbf{y}$ となる。

等式 (27) と (28) から、三角形 $\mathscr{A}_i$ を切り落とす操作を施しても、$b(\mathscr{P}) + b(\mathscr{P}^\vee)$ は不変であることが従う。

（第 2 段）三角形 $\mathscr{A}_i$ を切り落とす操作を可能な限り継続する。もはやそのような操作ができなくなったときの反射的凸多角形がどのようなものかを考える。

まず、反射的凸多角形 $\mathscr{P}$ の同一辺に含まれない 2 個の格子点を結ぶ線分で原点を通過しないものがあれば、必ず、その操作をすることが可能である。すると、$b(\mathscr{P}) \geq 5$ ならば、その操作をすることが可能である。

すると、そのような操作ができなくなったときの反射的凸多角形 $\mathscr{P}$ の頂点の数 $n$ と境界に属する格子点の個数 $b(\mathscr{P})$ の可能性は

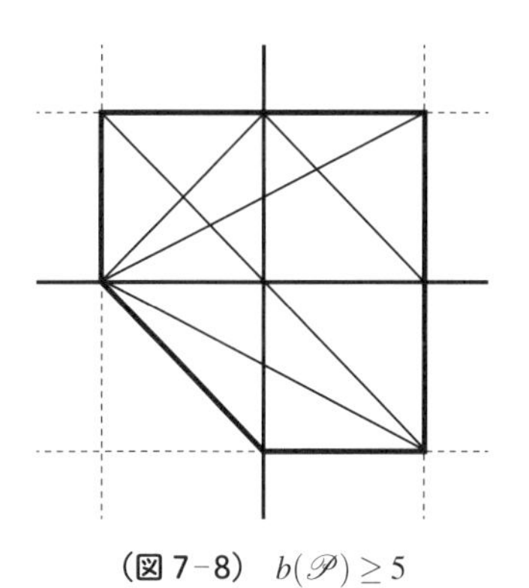

（図 7−8）　$b(\mathscr{P}) \geq 5$

$$(n, b(\mathscr{P})) = (4,4),\ (3,4),\ (3,3)$$

となる。

- $(n, b(\mathscr{P})) = (4,4)$ とすると、$\mathscr{P}$ の対角線 $\mathbf{a}_1\mathbf{a}_3$ と $\mathbf{a}_2\mathbf{a}_4$ は原点を通過する[*1]。しかも、それぞれの対角線の上にある格子点は、原点と両端の格子点のみであるから、原点はそれぞれの対角線の中点となる[*2]。すなわち、$\mathscr{P}$ は平行四辺形である。
- $(n, b(\mathscr{P})) = (3,4)$ とし、辺 $\mathbf{a}_2\mathbf{a}_3$ の上に両端とは異なる格子点 $\mathbf{x}$ が存在するとする。すると、線分 $\mathbf{a}_1\mathbf{x}$ が原点を通過する[*3]。まず、$\mathbf{a}_3$ の原点に関する対称な点を $\mathbf{a}'_3$ とし、線分 $\mathbf{a}_2\mathbf{a}'_3$ の中点を $\mathbf{z}$ とする。すると、$\mathbf{z}$ は格子点である。実際、$\mathbf{a}_2 + \mathbf{a}_3 = -2\mathbf{a}_1$ から $\mathbf{z} = \frac{\mathbf{a}_2 - \mathbf{a}_3}{2} = \mathbf{a}_1 + \mathbf{a}_2$ である[*4]。

  切り落とす操作の逆をすると、$\triangle\mathbf{a}_1\mathbf{a}_2\mathbf{a}_3$ から四角形 $\mathbf{a}_1\mathbf{z}\mathbf{a}_2\mathbf{a}_3$ が得られ、さらに、四角形 $\mathbf{a}_1\mathbf{a}'_3\mathbf{a}_2\mathbf{a}_3$ が得られる。四角形 $\mathbf{a}_1\mathbf{a}'_3\mathbf{a}_2\mathbf{a}_3$ に切り落とす操作をすると、五角形 $\mathbf{a}_1\mathbf{a}'_3\mathbf{z}\mathbf{x}\mathbf{a}_3$ が得られ、さらに、四角形 $\mathbf{a}_1\mathbf{a}'_3\mathbf{x}\mathbf{a}_3$ が得られる。すなわち、$(n, b(\mathscr{P})) = (4,4)$ に帰着する。

---

*1　三角形 $\mathscr{A}_i$ を切り落とす操作ができなくなったときの反射的凸多角形 $\mathscr{P}$ を考えている。特に、$\mathscr{P}$ のどの対角線も原点を通過する。

*2　たとえば、頂点 $\mathbf{a}_1$ の原点に関する対称な点 $-\mathbf{a}_1$ は対角線 $\mathbf{a}_1\mathbf{a}_3$ を含む直線の上にある。しかも、線分 $[\mathbf{a}_1, -\mathbf{a}_1]$ の上にある格子点は、原点と $\mathbf{a}_1, -\mathbf{a}_1$ のみである。すると、$\mathbf{a}_3 = -\mathbf{a}_1$ である。

*3　通過しなければ、三角形 $\mathscr{A}_i$ を切り落とす操作をすることができる。しかも、線分 $[\mathbf{a}_1, \mathbf{x}]$ の上にある格子点は、原点と $\mathbf{a}_1, \mathbf{x}$ のみであるから、$\mathbf{x} = -\mathbf{a}_1$ である。

*4　四角形 $\mathbf{a}_1, \mathbf{a}'_3, \mathbf{a}_2, \mathbf{a}_3$ に含まれる格子点は原点と $\mathbf{a}_1, \mathbf{a}'_3, \mathbf{a}_2, \mathbf{a}_3, \mathbf{x}, \mathbf{z}$ である。

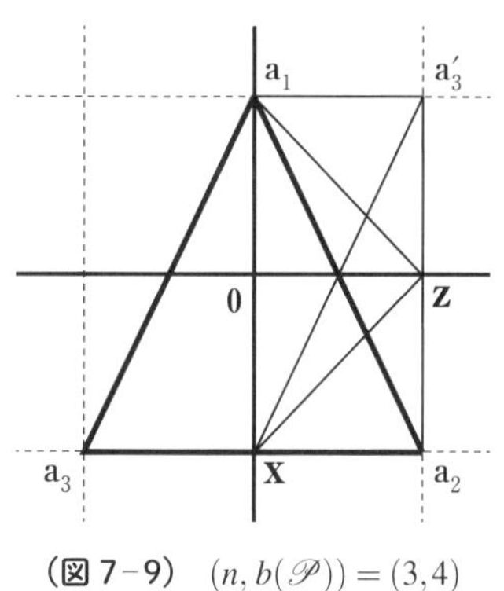


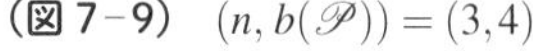
（図 7−9）　$(n, b(\mathscr{P})) = (3,4)$

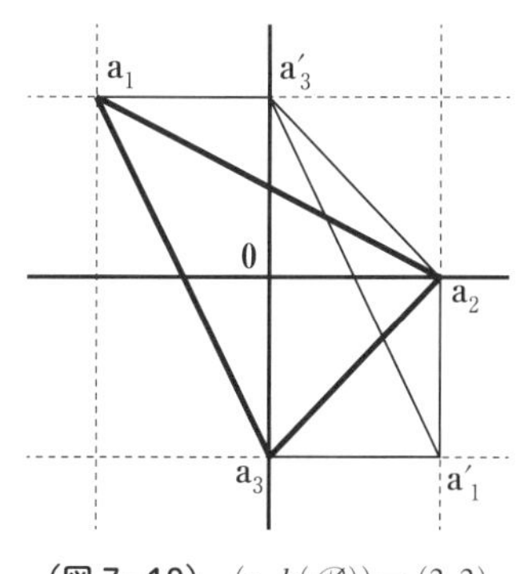


（図 7−10）　$(n, b(\mathscr{P})) = (3,3)$

• $(n, b(\mathscr{P})) = (3,3)$ とし、$\mathbf{a}_1$ の原点に関する対称な点を $\mathbf{a}_1'$ とし、$\mathbf{a}_3$ の原点に関する対称な点を $\mathbf{a}_3'$ とする*。このとき、切り落とす操作の逆をすると、$\triangle \mathbf{a}_1 \mathbf{a}_2 \mathbf{a}_3$ から四角

---

＊ 五角形 $\mathbf{a}_1, \mathbf{a}_3', \mathbf{a}_2, \mathbf{a}_1', \mathbf{a}_3$ に含まれる格子点は、原点と $\mathbf{a}_1, \mathbf{a}_3', \mathbf{a}_2, \mathbf{a}_1', \mathbf{a}_3$ である。

形 $\mathbf{a}_1\mathbf{a}_3'\mathbf{a}_2\mathbf{a}_3$ が得られ、さらに、五角形 $\mathbf{a}_1\mathbf{a}_3'\mathbf{a}_2\mathbf{a}_1'\mathbf{a}_3$ が得られる。五角形 $\mathbf{a}_1\mathbf{a}_3'\mathbf{a}_2\mathbf{a}_1'\mathbf{a}_3$ に切り落とす操作をすると、四角形 $\mathbf{a}_1\mathbf{a}_3'\mathbf{a}_1'\mathbf{a}_3$ が得られる。すなわち、$(n, b(\mathscr{P})) = (4,4)$ に帰着する。

（第３段）以上の結果、（第２段）の $(n, b(\mathscr{P})) = (4,4)$ の平行四辺形 $\mathscr{P} = \mathbf{a}_1\mathbf{a}_2\mathbf{a}_3\mathbf{a}_4$ が、等式 $b(\mathscr{P}) + b(\mathscr{P}^*) = 12$ を満たすことを示せばよい。原点を $\mathbf{0}$ とすると、$\mathscr{P}^* = \mathbf{a}_1^*\mathbf{a}_2^*\mathbf{a}_3^*\mathbf{a}_4^*$ は

$$\overrightarrow{\mathbf{0}\mathbf{a}_i^*} = \overrightarrow{\mathbf{a}_i\mathbf{a}_{i+1}}, \quad i = 1,2,3,4$$

を満たす。すると、$\mathscr{P}$ と $\mathscr{P}^*$ は

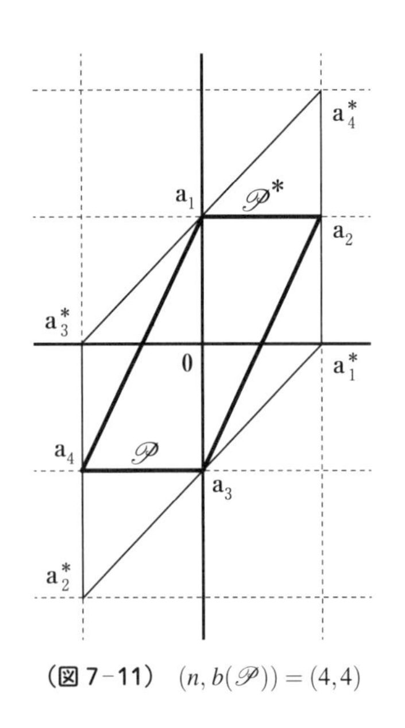


（図 7−11）$(n, b(\mathscr{P})) = (4,4)$

となる。すると、$\mathscr{P}^*$ には、$\triangle\mathbf{0}\mathbf{a}_1\mathbf{a}_2$ と合同な三角形が 4 個、$\triangle\mathbf{0}\mathbf{a}_2\mathbf{a}_3$ と合同な三角形が 4 個が存在する。いま、$\triangle\mathbf{0}\mathbf{a}_1\mathbf{a}_2$ と $\triangle\mathbf{0}\mathbf{a}_2\mathbf{a}_3$ は空である。それゆえ、（図 7−11）の格子点は、$\mathbf{0}$ と $\mathbf{a}_i$ と $\mathbf{a}_i^*$ の 9 個である。特に、$b(\mathscr{P}^*)=8$ となる。したがって、$b(\mathscr{P})+b(\mathscr{P}^*)=12$ である。■

ところで、定理（7.7）の証明は純粋に凸多角形の範疇に属するものであるから、単純明快であり、予備知識が不要の証明である。しかしながら、反面、その背景に潜む 12 の解釈*を紹介することはできない。深入りすることは本著の守備範囲を越えるが、次元 2 の非特異トーリック多様体のネーターの公式 $12(1+p_a)=K^2+c_2$ に現れる。反射的凸多角形 $\mathscr{P}$ に付随する次元 2 のトーリック多様体 $T_{\mathscr{P}}$ は非特異である。その arithmetic genus は $p_a=0$、canonical bundle の self-intersection は $K^2=b(\mathscr{P})$、tangent bundle の second Chern class は $c_2=b(\mathscr{P}^\vee)$ となるから、$b(\mathscr{P})+b(\mathscr{P}^\vee)=12$ である。

## 7.3 反射的凸多角形の分類

反射的凸多角形を分類しよう。分類とは、何らかの条件を満たすものをすべて列挙するという作業である。分類は、数学の理論を築くときの礎となる。

- 結論から言うと、（図 7−3）の 16 個が反射的凸多角形の

---

＊ 詳細と文献は［B. Poonen and F. Rodriguez-Villegas, Lattice polygons and the number 12, *Amer. Math. Monthly* **107** (2000), 238-250］を参照されたい。

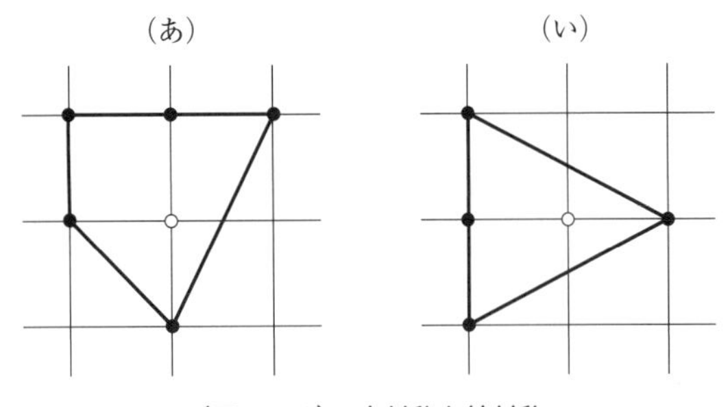


**（図 7−12）　点対称と線対称**

「分類」である。

ところが、（図 7−12）の（あ）と（い）は反射的凸多角形であるが、（図 7−3）には含まれてはいない。すると、（図 7−3）は不完全なのではないか？ と疑問を抱くのももっともなことである。しかしながら、反射的凸多角形（あ）と（図 7−3）の反射的凸多角形（5）は原点対称であるから、同じものとみなせる。それから、反射的凸多角形（い）は、直線 $y=x$ に関して折り返すと、（図 7−3）の反射的凸多角形（2）と同じものになるから、両者は同じものとみなせる。

ならば、どのような格子凸多角形とどのような格子凸多角形が同じものとみなせるかを、まず、定義しなければならない。その定義をするため、いわゆるユニモジュラ変換と呼ばれる写像を導入しよう。

### a）　ユニモジュラ変換

高校数学の旧課程の「行列と一次変換」の用語を使うならば、ユニモジュラ変換とは、整数を成分とする行列

$$\begin{bmatrix} p & q \\ r & s \end{bmatrix}$$

で、その行列式 $ps-qr$ が $\pm 1$ となるものによる一次変換、と定義できる。すなわち、

**定義　一般に、$\mathbb{R}^2$ から $\mathbb{R}^2$ への写像 $\Psi$ が、整数 $p, q, r, s$ を使い**

$$\Psi(x, y) = (px + qy, rx + sy), \quad (x, y) \in \mathbb{R}^2$$

**と表され、さらに、整数 $p, q, r, s$ が**

$$ps - qr = \pm 1$$

**を満たすとき、写像 $\Psi$ をユニモジュラ変換と呼ぶ。**

たとえば、

- $x$ 軸に関する折り返し
- $y$ 軸に関する折り返し
- 原点の周りの 180° の回転
- 直線 $y = x$ に関する折り返し

は、それぞれ、

$$\Psi(x, y) = (x, -y)$$
$$\Psi(x, y) = (-x, y)$$
$$\Psi(x, y) = (-x, -y)$$
$$\Psi(x, y) = (y, x)$$

となるから、ユニモジュラ変換である。

**(7.8) 補題　ユニモジュラ変換は逆写像を持つ。その逆写像もユニモジュラ変換である。**

［証明］　実際、

$$x' = px + qy, \quad y' = rx + sy$$

から $x$ と $y$ を $x'$ と $y'$ で表示すると、

$$x = \frac{1}{ps - qr}(sx' - qy'), \quad y = \frac{1}{ps - qr}(-rx' + py')$$

となる。すると、$ps - qr = \pm 1$ であることから

$$\Psi^{-1}(x,y) = \pm(sx - qy, -rx + py), \quad (x,y) \in \mathbb{R}^2$$

となる。■

特に、ユニモジュラ変換は $\mathbb{R}^2$ から $\mathbb{R}^2$ への全単射となる。

**(7.9) 補題　ユニモジュラ変換の合成写像はユニモジュラ変換である。**

［証明］　ユニモジュラ変換

$$\Psi(x,y) = (px + qy, rx + sy)$$
$$\Psi'(x,y) = (p'x + q'y, r'x + s'y)$$

の合成写像 $\Psi' \circ \Psi$ は

$$(\Psi' \circ \Psi)(x,y) = \Psi'(\Psi(x,y))$$

と定義される。すなわち、$\Psi' \circ \Psi$ は、$(x,y) \in \mathbb{R}^2$ を

$$(p'(px + qy) + q'(rx + sy), r'(px + qy) + s'(rx + sy))$$

に写す。すると、

$$(pp'+q'r)(qr'+ss')-(p'q+q's)(pr'+rs')=\pm 1 \qquad (29)$$

を示せばよい。ところが、その左辺は

$$(ps-qr)(p's'-q'r')$$

となるから、

$$ps-qr=\pm 1,\ p's'-q'r'=\pm 1$$

から、等式 (29) が成立する。■

**（7.10）補題　ユニモジュラ変換 $\Psi$ による凸多角形 $\mathscr{P}$ の像 $\Psi(\mathscr{P})$ は凸多角形である。しかも、$\Psi$ は $\mathscr{P}$ の頂点を $\Psi(\mathscr{P})$ の頂点に写し、$\mathscr{P}$ の辺を $\Psi(\mathscr{P})$ の辺に写し、$\mathscr{P}$ の内部を $\Psi(\mathscr{P})$ の内部に写す。**

注意　補題（7.10）は、写像 $\Psi$ がユニモジュラ変換である必要はない。実数 $p, q, r, s$ で $ps-qr\neq 0$ となるものを使い、

$$\Psi(x,y)=(px+qy, rx+sy), \quad (x,y)\in\mathbb{R}^2$$

と表される写像（すなわち、逆写像を持つ一次変換）で成立する。しかしながら、系（7.11）は、ユニモジュラ変換であることが必要である。

［証明］　まず、$\Psi$ が、$xy$ 平面の任意の点 $\mathbf{x}$ と $\mathbf{y}$ に関し

$$\Psi(\mathbf{x}+\mathbf{y})=\Psi(\mathbf{x})+\Psi(\mathbf{y})$$

となること、及び、$xy$ 平面の任意の点 $\mathbf{x}$ と任意の実数 $a$ に

関し

$$\Psi(a\mathbf{x}) = a\Psi(\mathbf{x})$$

となること（すなわち、$\Psi$ が一次変換であること）に着目すると、$xy$ 平面の任意の点

$$\mathbf{x}, \mathbf{y}_1, \mathbf{y}_2, \cdots, \mathbf{y}_s$$

と任意の実数

$$a_1, a_2, \cdots, a_s$$

に関し、

$$\mathbf{x} = a_1\mathbf{y}_1 + a_2\mathbf{y}_2 + \cdots + a_s\mathbf{y}_s$$

と表されるならば、

$$\Psi(\mathbf{x}) = a_1\Psi(\mathbf{y}_1) + a_2\Psi(\mathbf{y}_2) + \cdots + a_s\Psi(\mathbf{y}_s)$$

が従う。

すると、端点が $\mathbf{x}$ と $\mathbf{y}$ の線分

$$\mathscr{L} = \{t\mathbf{x} + (1-t)\mathbf{y} : 0 \leq t \leq 1\}$$

の $\Psi$ の像は

$$\Psi(\mathscr{L}) = \{t\Psi(\mathbf{x}) + (1-t)\Psi(\mathbf{y}) : 0 \leq t \leq 1\}$$

となり、$\Psi(\mathscr{L})$ は端点が $\Psi(\mathbf{x})$ と $\Psi(\mathbf{y})$ の線分となる。

さらに、頂点が $\mathbf{x}, \mathbf{y}, \mathbf{z}$ の三角形

$$\mathscr{Q} = \{s\mathbf{x} + t\mathbf{y} + u\mathbf{z} : 0 \leq s, t, u \leq 1, s+t+u = 1\}$$

の $\Psi$ の像 $\Psi(\mathscr{Q})$ は

$$\{s\Psi(\mathbf{x}) + t\Psi(\mathbf{y}) + u\Psi(\mathbf{z}) : 0 \leq s, t, u \leq 1, s+t+u = 1\}$$

となる。もし、$\Psi(\mathbf{x}), \Psi(\mathbf{y}), \Psi(\mathbf{z})$ が一つの直線の上に存在するならば、$\Psi(\mathscr{Q})$ は線分だから、逆写像 $\Psi^{-1}$ を考えると、そもそも、$\mathscr{Q} = \Psi^{-1}(\Psi(\mathscr{Q}))$ が線分となり、矛盾する。すなわち、$\Psi(\mathbf{x}), \Psi(\mathbf{y}), \Psi(\mathbf{z})$ は一つの直線の上に存在しない。すると、$\Psi(\mathscr{Q})$ は、$\Psi(\mathbf{x}), \Psi(\mathbf{y}), \Psi(\mathbf{z})$ を頂点とする三角形である。

さらに、$0 < s, t, u < 1$ とすれば、$\Psi$ は三角形 $\mathscr{Q}$ の内部を三角形 $\Psi(\mathscr{Q})$ の内部に写す。

一般に、表示 (15) を認めると、ユニモジュラ変換 $\Psi$ による凸多角形 $\mathscr{P}$ の像 $\Psi(\mathscr{P})$ は、凸多角形となり、頂点を頂点に、辺を辺に写す。表示 (17) から、内部を内部に写す*。■

**(7.11) 系**

- **ユニモジュラ変換 $\Psi$ は、$xy$ 平面の格子点を $xy$ 平面の格子点に写し、その逆写像 $\Psi^{-1}$ も、$xy$ 平面の格子点を $xy$ 平面の格子点に写す。**
- **特に、格子凸多角形 $\mathscr{P}$ のユニモジュラ変換による像 $\Psi(\mathscr{P})$ は格子多角形である。**
- **しかも、$\Psi$ は $\mathscr{P}$ の境界の格子点を $\Psi(\mathscr{P})$ の境界の格子点に写し、$\mathscr{P}$ の内部の格子点を $\Psi(\mathscr{P})$ の内部の格子点に写す。**
- **すると、ピックの公式から、$\mathscr{P}$ と $\Psi(\mathscr{P})$ の面積は等しい。**
- **さらに、$\mathscr{P}$ が反射的凸多角形であれば、$\Psi(\mathscr{P})$ も反射的凸多角形である。■**

---

* 表示 (15) と (17) から、凸多角形 $\mathscr{P}$ の頂点を $\mathbf{x}_1, \mathbf{x}_2, \cdots, \mathbf{x}_s$ とするとき、$\mathscr{P}$ は $\{\sum_{i=1}^{s} a_i\mathbf{x}_i : a_i \geq 0, \sum_{i=1}^{s} a_i = 1\}$ と表示され、$\mathscr{P}$ の内部は $\{\sum_{i=1}^{s} a_i\mathbf{x}_i : a_i > 0, \sum_{i=1}^{s} a_i = 1\}$ と表示される。

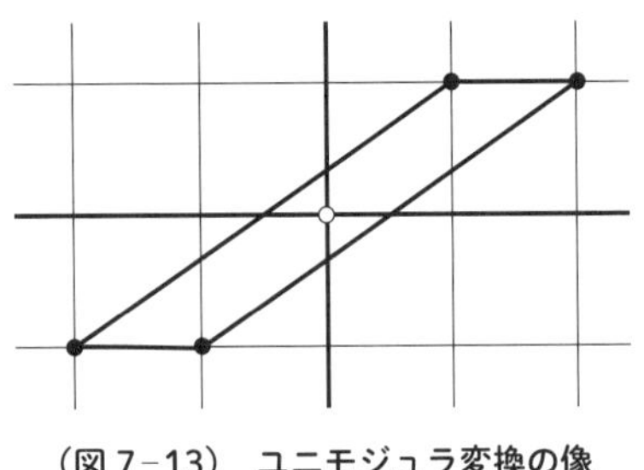

**（図 7−13） ユニモジュラ変換の像**

たとえば、（図 7−3）の反射的凸多角形（4）のユニモジュラ変換

$$\Psi(x, y) = (2x + y, x + y)$$

による像は（図 7−13）の反射的凸多角形である。

**定義** **格子凸多角形 $\mathscr{P}$ と $\mathscr{Q}$ がユニモジュラ同値であるとは、**

$$\mathscr{Q} = \Psi(\mathscr{P}) + \mathbf{x}$$

**となるユニモジュラ変換 $\Psi$ と $\mathbf{x} \in \mathbb{R}^2$ が存在するときにいう。**

すなわち、ユニモジュラ変換 $\Psi$ と $\mathbf{x}$ による平行移動により $\mathscr{P}$ が $\mathscr{Q}$ に写るとき、$\mathscr{P}$ と $\mathscr{Q}$ はユニモジュラ同値であるという。

すると、格子凸多角形 $\mathscr{P}, \mathscr{P}', \mathscr{P}''$ で、$\mathscr{P}$ と $\mathscr{P}'$ がユニモジュラ同値、$\mathscr{P}'$ と $\mathscr{P}''$ がユニモジュラ同値であるならば、$\mathscr{P}$ と $\mathscr{P}''$ もユニモジュラ同値である。

格子凸多角形の理論では、ユニモジュラ同値な格子凸多角形 $\mathscr{P}$ と $\mathscr{Q}$ は同じものと考え、同一視することが慣習である。

**b)　分類作業**

- 以上の準備を踏まえ、反射的凸多角形を分類し、反射的凸多角形はユニモジュラ同値を除く（すなわち、ユニモジュラ同値となるものは同一視する）と、(図 7−3) の 16 個が反射的凸多角形の「分類」であることを証明する。

分類作業は次の定理（7.12）を示すことが本質である。

**(7.12) 定理　反射的凸多角形は、ユニモジュラ同値を除くと、有限個しか存在しない。**

まず、定理（7.12）を証明するための補題を準備する。

**(7.13) 補題　反射的凸多角形 $\mathscr{P}$ の境界に属する任意の格子点 $\mathbf{v}$ と $\mathbf{w}$（ただし、$\mathbf{v} \neq \mathbf{w}$）について、次の (i), (ii), (iii) の条件のいずれかが満たされる。**

**(i) $\mathbf{v}$ と $\mathbf{w}$ は $\mathscr{P}$ の同一の辺に属する。**
**(ii) $\mathbf{v} = -\mathbf{w}$ である。**
**(iii) $\mathbf{v} + \mathbf{w}$ は $\mathscr{P}$ の境界に属する。**

［証明］　実際、$\mathbf{v}$ と $\mathbf{w}$ が、条件 (i) と (ii) を満たさないとすると、(i) から $\frac{1}{2}(\mathbf{v}+\mathbf{w})$ は $\mathscr{P}$ の内部に属する。凸多角形 $\mathscr{P}$ の辺 $e$ を含む直線の方程式を $a_e x + b_e y = 1$ とすると、$\mathscr{P}$ が反射的凸多角形であることから $a_e$ と $b_e$ は整数である。いま、$\mathbf{v} = (v_x, v_y)$, $\mathbf{w} = (w_x, w_y)$ とすると

$$\frac{a_e}{2}(v_x + w_x) + \frac{b_e}{2}(v_y + w_y) < 1$$

となるから

$$a_e(v_x + w_x) + b_e(v_y + w_y) < 2$$

となる。その左辺は整数であるから

$$a_e(v_x + w_x) + b_e(v_y + w_y) \leq 1$$

が従う。その不等式が $\mathscr{P}$ の任意の辺 $e$ に関して成立することは、すなわち、格子点 $\mathbf{v} + \mathbf{w}$ が $\mathscr{P}$ に属することである。ところが、(ii) から、$\mathbf{v} + \mathbf{w}$ は原点と異なるから、$\mathscr{P}$ の内部には属さず、すなわち、$\mathscr{P}$ の境界に属する。■

以下、補題（7.13）を礎とし、定理（7.12）を証明する。

［定理（7.12）の証明］　反射的凸多角形の境界に属する格子点の状況に着目し、証明を遂行する。

（第 1 段）反射的凸多角形 $\mathscr{P}$ の境界に属する格子点が頂点のみのときを扱う。

まず、$\mathscr{P}$ の一つの辺の両端の頂点を $\mathbf{v} = (a,b), \mathbf{w} = (c,d)$ とすると、線分 $[\mathbf{v}, \mathbf{w}]$ は両端以外の格子点を含まない。すると、原点と $\mathbf{v}$ と $\mathbf{w}$ を頂点とする三角形は空の三角形であるから、その面積は $\frac{1}{2}$ である。すなわち、$|ad - bc| = 1$ となる。それゆえ、$\mathbb{R}^2$ から $\mathbb{R}^2$ への写像

$$\Psi(x,y) = (ax + cy, bx + dy)$$

はユニモジュラ変換である。しかも、

$$\Psi(1,0) = (a,b), \ \ \Psi(0,1) = (c,d)$$

である。逆変換 $\Psi^{-1}$ により $\mathbf{v}$ と $\mathbf{w}$ は、それぞれ、$(1,0)$ と

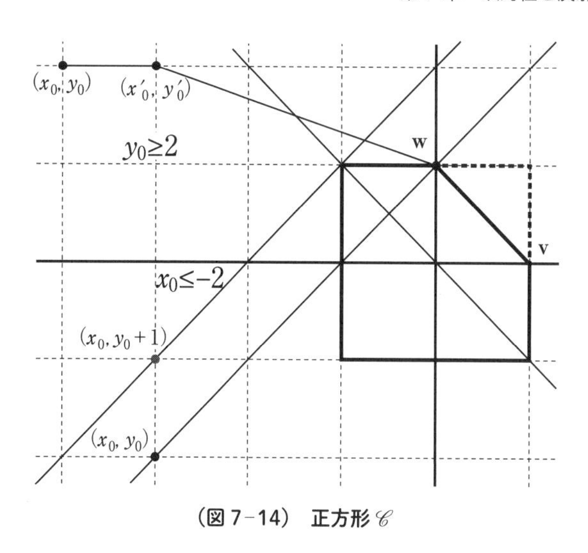


**（図 7−14）　正方形 $\mathscr{C}$**

$(0,1)$ に写る。すると、$\mathscr{P}$ とユニモジュラ同値な凸多角形 $\Psi^{-1}(\mathscr{P})$ を扱うことにより、

$$\mathbf{v} = (1,0), \ \ \mathbf{w} = (0,1)$$

と仮定することができる。換言すると、線分 $[(1,0),(0,1)]$ は $\mathscr{P}$ の辺であると仮定してもよい。このとき、$\mathscr{P}$ は $(\pm 1, \pm 1)$ を頂点とする正方形 $\mathscr{C}$ に含まれることを示そう。

実際、$\mathscr{P}$ が正方形 $\mathscr{C}$ に含まれないとすると、$\mathscr{P}$ の頂点 $(x_0, y_0)$ で $\mathscr{C}$ に属さないものが存在する。直線 $y = x$ に関する対称性を考慮する*と、$y_0 \geq x_0$ としてよい。もし、$x_0 = y_0$ とすると、$x_0 = y_0 < -1$ だから、$(x_0, y_0), (1,0), (0,1)$ を頂点

＊ 直線 $y = x$ に関する対称移動はユニモジュラ変換である。

とする三角形を考えると、$(-1,-1)$ が $\mathscr{P}$ の内部に属することとなり矛盾する。すると、$y_0 > x_0$ となるが、$(x_0, y_0)$ が格子点であることから、特に、$y_0 \geq x_0 + 1$ である。さらに、$[(1,0),(0,1)]$ が $\mathscr{P}$ の辺であることから、$y_0 \leq -x_0$ である。

- まず、$y_0 \geq 2$ と仮定する。頂点 $(0,1)$ に隣接する頂点で $(1,0)$ 以外のものを $(x'_0, y'_0)$ とするとき、$(x'_0, y'_0) \neq (x_0, y_0)$ ならば、

$$x_0 < x'_0 < 0, \quad y'_0 > 1$$

となるから、特に、$y'_0 \geq 2$ である。すると、$(x_0, y_0)$ の代わりに $(x'_0, y'_0)$ を選ぶことにすれば、線分 $[(x_0, y_0), (0,1)]$ は $\mathscr{P}$ の辺であるとしてもよい。このとき、$(x_0, y_0)$ と $(1,0)$ について、補題（7.13）を使う。線分 $[(x_0, y_0), (1,0)]$ が $\mathscr{P}$ の辺ならば、原点は $\mathscr{P}$ に属すことはできないから、線分 $[(x_0, y_0), (1,0)]$ は $\mathscr{P}$ の辺とはならない。すると、

$$(x_0, y_0) + (1,0) = (x_0 + 1, y_0)$$

は $\mathscr{P}$ の境界に属する。ところが、$y_0 \geq 2$ であること、及び、$[(x_0, y_0), (0,1)]$ が $\mathscr{P}$ の辺であることから、$(x_0 + 1, y_0)$ が $\mathscr{P}$ の境界に属することは不可能である。したがって、$y_0 \leq 1$ である。

- 次に、$x_0 \leq -2$ と仮定する。すると、$y_0 \leq -1$ である。（実際、$y_0 = 1$ とすると、$(-1,1)$ は、境界に属する格子点であるが $\mathscr{P}$ の頂点とはならず、$y_0 = 0$ とすると、$(-1,0)$ は $\mathscr{P}$ の内部に属する格子点となり、両者とも矛盾である。）いま、$y_0 \geq x_0 + 1$ であるから、線分 $[(0,1),(x_0, y_0)]$ が $\mathscr{P}$ の辺であると仮定すると、格子点 $(-1,0)$ はその

辺に属するか、あるいは、$\mathscr{P}$ の内部に属するから矛盾である。すると、補題（7.13）から、格子点

$$(x_0, y_0) + (0, 1) = (x_0, y_0 + 1)$$

は $\mathscr{P}$ の境界に属する。すなわち、$(x_0, y_0 + 1)$ は $\mathscr{P}$ の頂点である。同様の議論を繰り返すと、

$$(x_0, y_0 + 2), (x_0, y_0 + 3), \cdots$$

は $\mathscr{P}$ の頂点となる。特に、$(x_0, 0)$ も頂点となり、$y_0 \leq -1$ に矛盾する。したがって、$x_0 \geq -1$ である。

以上の結果、

$$-1 \leq x_0 < y_0 \leq 1$$

となる。すなわち、頂点 $(x_0, y_0)$ は正方形 $\mathscr{C}$ に属する。

すると、そもそも $(x_0, y_0)$ が $\mathscr{C}$ に属さないと仮定したことに矛盾する。したがって、反射的凸多角形 $\mathscr{P}$ は正方形 $\mathscr{C}$ に含まれる。もちろん、正方形 $\mathscr{C}$ に含まれる反射的凸多角形は有限個しか存在しない。

（第２段）反射的凸多角形 $\mathscr{P}$ の辺で両端以外にちょうど 1 個の格子点を持つものが存在するときを扱う。

そのような辺の両端の頂点を $\mathbf{v} = (a, b), \mathbf{w} = (c, d)$ とし、両端以外の辺の上の格子点を $\mathbf{q} = (e, f)$ とする。線分 $[\mathbf{v}, \mathbf{q}]$ は両端以外の格子点を含まないから、原点と $\mathbf{v}$ と $\mathbf{q}$ を頂点とする三角形は空の三角形である。すると、その面積は $\frac{1}{2}$ である。すなわち、$|af - be| = 1$ となるから、$\mathbb{R}^2$ から $\mathbb{R}^2$ への写像

$$\Psi(x, y) = (ax + ey, bx + fy)$$

はユニモジュラ変換である。しかも、

$$\Psi(1,0)=(a,b),\ \ \Psi(0,1)=(e,f)$$

であるから、逆変換 $\Psi^{-1}$ により $\mathbf{v}$ と $\mathbf{q}$ は、それぞれ、$(1,0)$ と $(0,1)$ に写る。さらに、ユニモジュラ変換

$$\Psi'(x,y)=(x,x+y)$$

を考える。ユニモジュラ変換の合成写像はユニモジュラ変換であるから、$\Psi''=\Psi'\circ\Psi^{-1}$ もユニモジュラ変換である。しかも、

$$\Psi''(a,b)=(1,1),\ \ \Psi''(e,f)=(0,1)$$

となる。一般に、ユニモジュラ変換は凸多角形の頂点を頂点に写し、辺を辺に写すことから、$\Psi''(c,d)=(1,-1)$ となる。したがって、$\mathscr{P}$ とユニモジュラ同値な $\Psi''(\mathscr{P})$ を扱うことにより、

$$\mathbf{v}=(1,-1),\ \mathbf{w}=(1,1)$$

と仮定することができる。換言すると、線分 $[(-1,1),(1,1)]$ は $\mathscr{P}$ の辺であると仮定してもよい。このとき、格子点 $(x,y)$ が $\mathscr{P}$ に属するならば $-1\leq x\leq 1$ である。

実際、格子点 $(x_0,y_0)$ が $\mathscr{P}$ に属し、$x_0\leq -2$ とすると、線分 $[(-1,1),(1,1)]$ が $\mathscr{P}$ の辺であることから、$y_0\leq 0$ となる。すると、線分 $[(x_0,y_0),(-1,1)]$ が $\mathscr{P}$ の辺であるか否かとは無関係に $(-1,0)$ は $\mathscr{P}$ の内部に属する格子点となり矛盾する。対称性から、$x_0\geq 2$ としても矛盾する。

以下、$(1,1),(0,1),(-1,1),(0,0)$ 以外の格子点 $(x,y)$ が $\mathscr{P}$ に属するとしよう。すると、$-1\leq x\leq 1$ となる。さらに、$\mathscr{P}$

が反射的凸多角形であることから、特に、頂点が

$$(x,y),\ (1,1),\ (-1,1)$$

となる格子三角形の内部には原点以外の格子点は存在しない。

その結果、

- $x=1$ ならば $y \geq -3$
- $x=0$ ならば $y \geq -1$
- $x=-1$ ならば $y \geq -3$

となる。

すると、反射的凸多角形 $\mathscr{P}$ は、頂点が

$$(1,1),\ (1,-3),\ (-1,-3),\ (-1,1)$$

となる長方形 $\mathscr{C}$ に含まれる。したがって、そのような反射的凸多角形は有限個しか存在しない。

（第 3 段）反射的凸多角形 $\mathscr{P}$ のすべての辺に両端以外に 2 個以上の格子点が存在するときを扱う。

まず、両端以外の格子点が $q$ 個（ただし、$q \geq 2$）存在する辺があることから、ユニモジュラ変換を使う*と、線分 $e=[(-1,-1),(q,-1)]$ は $\mathscr{P}$ の辺であるとしてもよい。

次に、$\mathscr{P}$ の頂点 $(x,y)$ で線分 $e'=[(-1,-1),(x,y)]$ が $\mathscr{P}$ の辺となるものを選ぶ。すると、辺 $e'$ には両端以外に 2 個以上の格子点が存在することから、$y \geq 2$ となる。他方、$(-1,0)$ は $\mathscr{P}$ の内部に属することはできないから、$x \geq -1$ である。同

＊ すなわち、（第 2 段）の議論を模倣する。

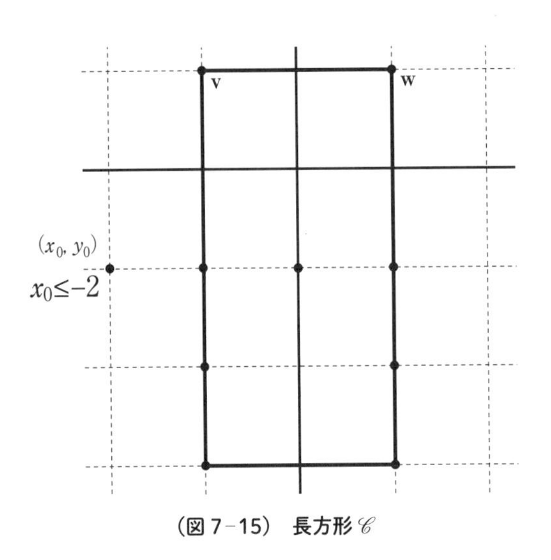


**（図 7−15） 長方形 $\mathscr{C}$**

じく、$(1,0)$ は $\mathscr{P}$ の内部に属することはできないから、$x \leq 0$ である。すなわち、$x = -1$ であるか、あるいは、$x = 0$ である。ところが、$x = 0$ とすると、$y \geq 2$ であることから、$(0,1)$ が $\mathscr{P}$ の内部に含まれるから駄目である。すると、$x = -1$ である。このとき、$y \geq 3$ とすると、$(0,1)$ が $\mathscr{P}$ の内部に含まれるから駄目である。結局、$(x,y) = (-1,2)$ となる。さらに、$q \geq 3$ とすると、$(0,1)$ が $\mathscr{P}$ の内部に含まれるから駄目である。したがって、$q = 2$ である。すなわち、

$$(-1,-1),\ (-1,2),\ (2,-1)$$

は $\mathscr{P}$ の頂点となる。

いま、$(-1,1), (-1,2), (2,-1)$ を頂点とする格子三角形を $\mathscr{Q}$ とすると、$\mathscr{Q}$ は反射的凸多角形で、その双対凸多角形 $\mathscr{Q}^{\vee}$

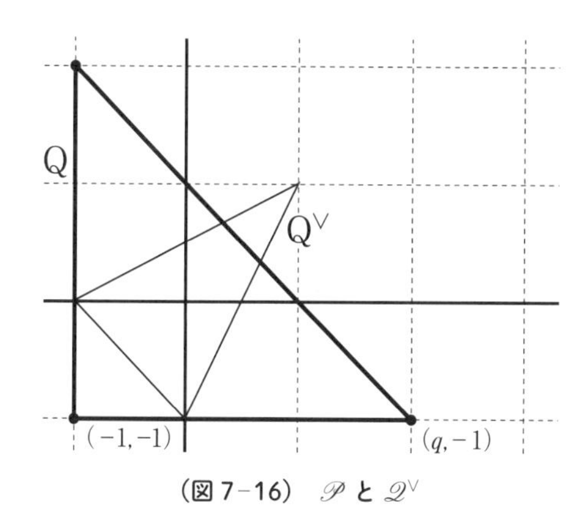


（図 7−16）$\mathscr{P}$ と $\mathscr{Q}^\vee$

は

$$(-1,0),\ (0,-1),\ (1,1)$$

を頂点とする格子三角形である。

さて、$\mathscr{Q} \subset \mathscr{P}$ だから $\mathscr{P}^\vee \subset \mathscr{Q}^\vee$ となる。しかし、$\mathscr{Q}^\vee$ に含まれ、$\mathscr{Q}^\vee$ とは異なる格子凸多角形は存在しない。すると、$\mathscr{P} = \mathscr{Q}$ となる。

以上、（第 1 段）から（第 3 段）の結果、反射的凸多角形は、ユニモジュラ同値を除くと、有限個しか存在しない。■

**（7.14）系　反射的凸多角形はユニモジュラ同値を除くと、（図 7−3）の 16 個に分類される。**

［証明］　定理（7.12）の証明の議論を踏襲する。

まず、（第 1 段）のときを考えると、$\mathscr{P}$ は $[(1,0),(0,1)]$ を辺とし、頂点以外の格子点を境界に持たず、しかも、頂点は $(\pm1,\pm1)$ を頂点とする正方形 $\mathscr{C}$ に属するから、$\mathscr{P}$ の内部に

含まれる格子点が原点のみに限ることに着目し、分類する。格子点 $(-1,-1)$ が頂点になるか否かで分類すると

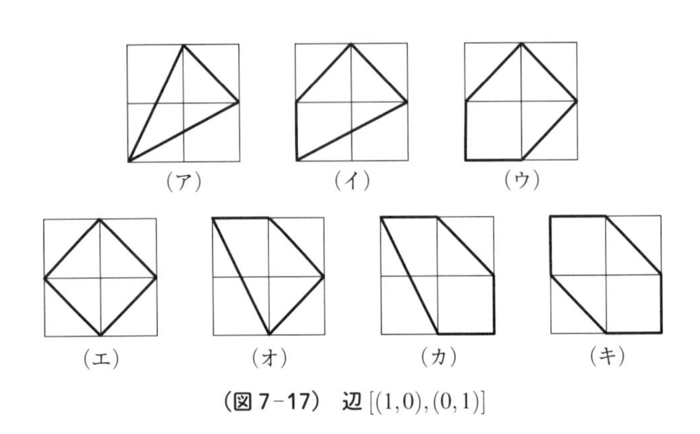


**（図 7-17）　辺** $[(1,0),(0,1)]$

の 7 個となる。ところが、反射的凸多角形（オ）を原点を中心に反時計回りに 90° 回転させる*と、反射的凸多角形（イ）と重なる。次に、反射的凸多角形（カ）をユニモジュラ変換

$$\Psi(x,y)=(-x,-(x+y))$$

で写すと反射的凸多角形（ウ）になる。すると、（第 1 段）のときは、5 個の反射的凸多角形に分類される。

次に、（第 2 段）のときを考えると、$\mathscr{P}$ は $[(-1,1),(1,1)]$ を辺とし、頂点が $(1,1),(1,-3),(-1,-3),(-1,1)$ の長方形に含まれるから、再び、$\mathscr{P}$ の内部に含まれる格子点が原点

＊ すなわち、$(x,y)$ を $(-y,x)$ に写すユニモジュラ変換のことである。

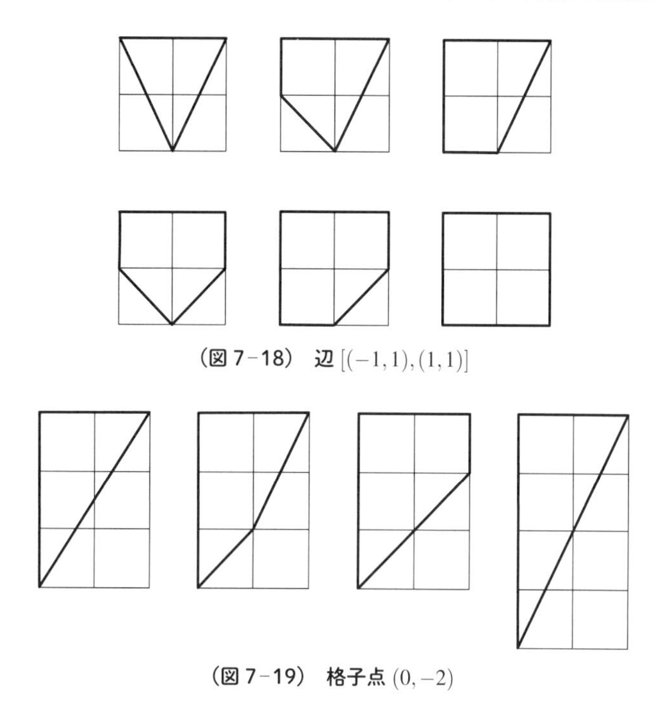

（図 7−18）　辺 $[(-1,1),(1,1)]$

（図 7−19）　格子点 $(0,-2)$

のみに限ることに着目する。

- $\mathscr{P}$ が $(\pm 1, \pm 1)$ を頂点とする正方形に含まれるならば（図 7−18）の 6 個に分類される。
- $\mathscr{P}$ が $(\pm 1, \pm 1)$ を頂点とする正方形に含まれないとすると、格子点 $(0,-2)$ が $\mathscr{P}$ の内部に属さないことに着目すると、（図 7−19）の 4 個に分類される。

さらに、（第 3 段）のときは（図 7−3）のリストの反射的凸多角形（16）である。■

いったん、分類理論が完成すれば、12 点定理はその帰結となるが、12 点定理を分類理論から導くことも興醒(きょうざ)めである。

本著で紹介している反射的凸多角形の分類作業は、土谷昭善（東京大学、日本学術振興会特別研究員）が、Benjamin Nill の学位論文* を参照しながら、高校数学の知識だけでも理解できるよう配慮し、思案したものである。

---

* B. Nill, Gorenstein toric Fano varieties, Universität Tübingen, 2005.

# 第8章

# 双対性と反射性（続）

## 8.1 双対凸多面体と反射的凸多面体

一般に、$xyz$ 空間の凸多面体 $\mathscr{P} \subset \mathbb{R}^3$ があったとき、$xyz$ 空間の集合 $\mathscr{P}^\vee \subset \mathbb{R}^3$ を

$$\mathscr{P}^\vee = \{\mathbf{x} \in \mathbb{R}^3 : \langle \mathbf{x}, \mathbf{y} \rangle \leq 1, \ \forall \mathbf{y} \in \mathscr{P}\}$$

と定義する。ただし、$\langle \mathbf{x}, \mathbf{y} \rangle$ は $\mathbf{x} = (x_1, x_2, x_3)$, $\mathbf{y} = (y_1, y_2, y_3)$ の内積

$$\langle \mathbf{x}, \mathbf{y} \rangle = x_1y_2 + x_2y_2 + x_3y_3$$

を表す。

すると、凸多面体の包含関係 $\mathscr{P} \subset \mathscr{Q}$ があれば、$\mathscr{Q}^\vee \subset \mathscr{P}^\vee$ となる。しかも、補題（7.2）、補題（7.3）は、凸多面体にも踏襲される。すなわち、

- 凸多面体 $\mathscr{P}$ の内部に原点が属するならば $xyz$ 空間の集合 $\mathscr{P}^\vee \subset \mathbb{R}^3$ は有界な集合となる。
- 凸多面体 $\mathscr{P}$ の内部に原点が属するならば、$\mathscr{P}^\vee$ も原点を内部に含む凸多面体である。さらに、

$$(\mathscr{P}^\vee)^\vee = \mathscr{P}$$

となる。

ところが、定理（7.6）は、格子凸多面体には踏襲されない[*1]。もっとも典型的な例を挙げよう[*2]。

例　格子四面体 $\mathscr{P} \subset \mathbb{R}^3$ の頂点を

$$(1,1,0),\ (1,0,1),\ (0,1,1),\ (-1,-1,-1)$$

とする。すると、$\mathscr{P}$ の内部に属する格子点は原点のみである。格子四面体 $\mathscr{P}$ の 4 個の面を定義する支持平面の方程式は

$$3x-2y-2z=1,\ -2x+3y-2z=1,\ -2x-2y+3z=1$$

及び、$(1,1,0),(1,0,1),(0,1,1)$ を通る平面の方程式

$$x+y+z=2$$

となる。系（7.5）も、格子凸多面体に踏襲される。すなわち、$\mathscr{P}^\vee$ の頂点は

$$(3,-2,-2),\ (-2,3,-2),\ (-2,-2,3),\ \left(\frac{1}{2},\frac{1}{2},\frac{1}{2}\right)$$

となる。すなわち、双対凸多面体 $\mathscr{P}^\vee$ は格子凸多面体とはならない。

---

＊1　定理（7.6）のお陰で、$xy$ 平面の反射的凸多角形の議論は著しく単純になる。
＊2　$xyz$ 空間の奇妙な格子凸多面体を作るときは、原点、及び、3 個の格子点 $(1,1,0),\ (1,0,1),\ (0,1,1)$ を頂点とする空の四面体は、しばしば有益である。

$xy$ 平面の反射的凸多角形の定義は、$xyz$ 空間の格子凸多面体にも踏襲される。すなわち、

**定義**　$xyz$ **空間の原点を内部に含む格子凸多面体** $\mathscr{P}$ **が反射的凸多面体であるとは、その双対凸多面体** $\mathscr{P}^\vee$ **が格子凸多面体になるときにいう。**

系（7.5）も、格子凸多面体に踏襲されるから、

- $xyz$ 空間の原点を内部に含む格子凸多面体 $\mathscr{P}$ が反射的凸多面体になるための必要十分条件は、$\mathscr{P}$ の任意の面を定義する支持平面* の方程式が、整数 $a, b, c$ を使い、

$$ax + by + cz = 1$$

と表示されることである。

しばらくの間、格子凸多面体の $\mathscr{P}$ の任意の面を定義する支持平面の方程式が、整数 $a, b, c$ を使い、$ax + by + cz = 1$ と表示されることと格子点の数え上げとの相互関係を探究しよう。

- $xyz$ 空間の格子凸多面体 $\mathscr{P}$ が原点を内部に含み、$\mathscr{P}$ の任意の面を定義する支持平面の方程式が、整数 $a, b, c$ を使い、$ax + by + cz = 1$ と表示されるならば、

$$N(\mathscr{P} \setminus \partial\mathscr{P}) \cap \mathbb{Z}^3 = (N-1)\mathscr{P} \cap \mathbb{Z}^3, \quad N = 1, 2, \cdots \tag{30}$$

---

* $xyz$ 空間の凸多面体 $\mathscr{P}$ の面を定義する支持平面とは、すなわち、その面を含む $xyz$ 空間の平面のことである。

である*。換言すると、$N\mathscr{P}$ の境界と $(N-1)\mathscr{P}$ の境界に挟まれた領域には格子点は存在しない。

実際、その領域に格子点 $(x_0, y_0, z_0)$ が存在するならば、

$$N - 1 < ax_0 + by_0 + cz_0 < N$$

とならなければならないが、$a, b, c$ が整数であることから、そのようなことは不可能である。

幸い、その逆も成立する。すなわち、条件 (30) は、$\mathscr{P}$ の任意の面を定義する支持平面の方程式が、整数 $a, b, c$ を使い、$ax + by + cz = 1$ と表示されるための十分条件でもある。

なお、その逆が成立することは、補題（8.1）から従う。補題（8.1）を証明することは、受験数学の整数問題と空間図形の融合問題、といえなくもない。が、補題（8.1）は、何をいっているのかを理解することさえも厄介である。その証明も、読むとなんとなく理解できるけれども、その作業は苦痛である。面倒ならば、補題（8.1）は無視し、「逆が成立すること」を認めればよい。ただし、補題（8.1）は、続く議論の礎となる大切な補題であることは記憶に留めよう。

**（8.1）補題** $xyz$ **空間の平面** $\mathscr{H}$ **の方程式を** $ax + by + cz = d$ **とする。ただし、**$a, b, c, d$ **は互いに素な整数、**$d \geq 2$ **とする。平面** $\mathscr{H}$ **の上に格子点** $\mathbf{a}_1, \mathbf{a}_2, \cdots, \mathbf{a}_m$ **を頂点とする格子凸多角形** $\mathscr{F}$ **がある。このとき、整数** $n > 1$ **と** $n - 1 < k < n$ **を満たす有理数** $k$ **を適当に選ぶと、**

---

* 凸多面体 $\mathscr{P}$ の境界、すなわち $\mathscr{P}$ の面の和集合を $\partial\mathscr{P}$ と表す。すると $\mathscr{P} \setminus \partial\mathscr{P}$ は $\mathscr{P}$ の内部である。

$$k\mathscr{F} \cap \mathbb{Z}^3 \neq \emptyset$$

**とできる。ただし、**

$$k\mathscr{F} = \{k\alpha : \alpha \in \mathscr{F}\}$$

**である。**

［証明］　整数 $a, b, c, d$ は互いに素、$d \geq 2$ であるから、たとえば、$a \neq 0$ は $d$ で割り切れないとし、

$$\frac{d}{a} = \frac{q}{p}$$

と置く。ただし、整数 $p$ と整数 $q > 0$ は互いに素である。すると、$q \geq 2$ である*。

次に、$\mathbf{v} = \mathbf{a}_1 + \mathbf{a}_2 + \cdots + \mathbf{a}_m$ とし、

$$\mathbf{g} = \left(\frac{1}{m}\right)\mathbf{v}$$

と置く。すると、$\mathbf{g} \in \mathscr{F}$ である。さらに、

$$\alpha = \left(\frac{md}{a}, 0, 0\right)$$

とする。整数 $\rho > 0$ で

$$\rho\,(\mathbf{v} - \alpha) \in \mathbb{Z}^3$$

となるものを固定し、

$$\delta = (\delta_1, \delta_2, \delta_3) = \rho\,(\mathbf{v} - \alpha)$$

---

* 整数 $d$ が $a$ で割り切れる可能性はあるから、$p = \pm 1$ となることもあるが、$a$ は $d$ で割り切れないから、$q > 0$ とすると、$q \geq 2$ となる。

とする。

格子点 $\mathbf{a}_1, \mathbf{a}_2, \cdots, \mathbf{a}_m$ が平面 $\mathscr{H}$ の上にあることから、$xyz$ 空間のベクトル $(a,b,c)$ と $\mathbf{v}$ の内積は $md$ である。もちろん、$(a,b,c)$ と $\alpha$ の内積も $md$ である。すなわち、$(a,b,c)$ と $\mathbf{v}-\alpha$ は直交する。すると、

$$a\delta_1 + b\delta_2 + c\delta_3 = 0$$

が従う。

換言すると、$\delta$ は原点を通る平面 $ax+by+cz=0$ の上の格子点である。特に、任意の有理数 $k$ について

$$k\mathbf{g} - \delta \in k\mathscr{H}$$

である。ただし、

$$k\mathscr{H} = \{k\beta : \beta \in \mathscr{H}\}$$

である。

すると、十分大きな整数 $n_0 \geq 1$ を選ぶと、$k \geq n_0$ を満たす任意の有理数 $k$ について

$$k\mathbf{g} - \delta \in k\mathscr{F}$$

となる。なぜならば、$k\mathbf{g}$ は $k\mathscr{F}$ の重心であるから、$k$ が十分大きくなれば、$k\mathbf{g}$ と $k\mathscr{F}$ の境界との距離は $|\delta|$ を越えるからである。

いま、$q \geq 2$ と

$$\frac{d}{a}\mathbb{Z} \cap \mathbb{Z} = \frac{q}{p}\mathbb{Z} \cap \mathbb{Z} = q\mathbb{Z}$$

である*ことから、任意の整数 $t \notin q\mathbb{Z}$ は無限集合

$$\left\{0, \pm\frac{d}{a}, \pm\frac{2d}{a}, \pm\frac{3d}{a}, \cdots\right\}$$

に属さない。

すると、整数 $t \gg 0$ と整数 $n > n_0$ で

$$(n-1)\frac{d}{|a|} < t < n\frac{d}{|a|}$$

となるもの、すなわち

$$(n-1)d < |a|t < nd$$

となるものが存在する。

このとき、

$$k = \frac{|a|t}{d}$$

と置く。すると、

$$(n_0 \le)\ n-1 < k < n$$

となる。

さらに、

$$\beta = \left(\frac{|a|t}{a}, 0, 0\right) \in \mathbb{Z}^3$$

とすると、

$$\beta = \left(\frac{kd}{a}, 0, 0\right) = \frac{k}{m}\alpha$$

---

* 一般に、$r$ が有理数のとき、$r\mathbb{Z}$ は、集合 $\{0, \pm r, \pm 2r, \pm 3r, \cdots\}$ を表す。すると、$\frac{q}{p}\mathbb{Z}$ は、$\{0, \pm\frac{q}{p}, \pm\frac{2q}{p}, \pm\frac{3q}{p}, \cdots\}$ となるから、$\frac{q}{p}\mathbb{Z}$ に属する整数は $q$ の倍数になる。

となる。

したがって、

$$\beta + \frac{k}{\rho m}\delta = \frac{k}{m}\alpha + \frac{k}{m}(\mathbf{v} - \alpha) = k\mathbf{g}$$

となる。これより、

$$\beta + \left\lfloor \frac{k}{\rho m} \right\rfloor \delta = k\mathbf{g} - \left( \frac{k}{\rho m} - \left\lfloor \frac{k}{\rho m} \right\rfloor \right) \delta \in \mathbb{Z}^3 \cap k\mathscr{F}$$

となる。ただし、$\left\lfloor \frac{k}{\rho m} \right\rfloor$ は $\frac{k}{\rho m}$ を超えない最大の整数を表す。

■

たとえば、$xyz$ 空間の平面 $\mathscr{H}$ の方程式を

$$x + y + z = 2$$

とし、平面 $\mathscr{H}$ の上の格子点

$$(1,1,0), (1,0,1), (0,1,1)$$

を頂点とする格子三角形を $\mathscr{F}$ とする。すると、

$$\frac{3}{2}\mathscr{F}$$

は

$$\left(\frac{3}{2}, \frac{3}{2}, 0\right), \left(\frac{3}{2}, 0, \frac{3}{2}\right), \left(0, \frac{3}{2}, \frac{3}{2}\right)$$

を頂点とする空間の格子三角形である。いま、

$$(1,1,1) = \frac{1}{3}\left(\frac{3}{2}, \frac{3}{2}, 0\right) + \frac{1}{3}\left(\frac{3}{2}, 0, \frac{3}{2}\right) + \frac{1}{3}\left(0, \frac{3}{2}, \frac{3}{2}\right)$$

であるから、格子点 $(1,1,1)$ は $\frac{3}{2}\mathscr{F}$ に属する。

反射的凸多面体のエルハート多項式は、その体積から表示できる。すなわち、

**（8.2）定理　格子凸多面体 $\mathscr{P}$ は原点を内部に含むとし、その体積を $A(\mathscr{P})$ とする。このとき、$\mathscr{P}$ が反射的凸多面体になるためには、$\mathscr{P}$ のエルハート多項式 $i(\mathscr{P},N)$ が**

$$A(\mathscr{P})N^3+\frac{3}{2}A(\mathscr{P})N^2+\left(2+\frac{1}{2}A(\mathscr{P})\right)N+1$$

**と表示されることが必要十分である。**

［証明］　まず、$i(\mathscr{P},N)$ と $i^*(\mathscr{P},N)$ を使い、条件 (30) を表示すると

$$i^*(\mathscr{P},N)=i(\mathscr{P},N-1),\ \ N=1,2,\cdots \tag{31}$$

となる。条件 (31) は、エルハートの相互法則（定理（5.5））から

$$-i(\mathscr{P},-N)=i(\mathscr{P},N-1),\ \ N=1,2,\cdots \tag{32}$$

と換言できる。

すなわち、条件 (32) が成立することは、$\mathscr{P}$ が反射的凸多面体となるための必要十分条件である。

数え上げ函数 $i(\mathscr{P},N)$ は $N$ に関する 3 次の多項式である。その $N^3$ の係数は $A(\mathscr{P})$ と、定数項は 1 となることから、

$$i(\mathscr{P},N)=A(\mathscr{P})N^3+BN^2+CN+1$$

と置く。すると、条件 (32) が成立することは、等式

$$
\begin{aligned}
&A(\mathscr{P})N^3 - BN^2 + CN - 1 \\
&= A(\mathscr{P})(N-1)^3 + B(N-1)^2 + C(N-1) + 1
\end{aligned}
$$

が成立することと同値である。両辺の係数を比較すると

$$3A(\mathscr{P}) = 2B,\ C = 2 - A(\mathscr{P}) + B$$

となる。したがって、

$$B = \frac{3}{2}A(\mathscr{P}),\ C = 2 + \frac{1}{2}A(\mathscr{P})$$

を得る。■

たとえば、頂点が $(\pm 1, \pm 1, \pm 1)$ の立方体 $\mathscr{P}$ は反射的凸多面体である。そのエルハート多項式は

$$i(\mathscr{P}, N) = (2N+1)^3 = 8N^3 + 12N^2 + 6N + 1$$

となるから、定理（8.2）の表示と一致する。

なお、$\mathscr{P}$ の双対凸多面体 $\mathscr{P}^\vee$ は、頂点が

$$\pm(1,0,0),\ \pm(0,1,0),\ \pm(0,0,1)$$

の八面体である。その体積は $\dfrac{4}{3}$ であるから

$$i(\mathscr{P}^\vee, N) = \frac{4}{3}N^3 + 2N^2 + \frac{8}{3}N + 1$$

となる。

- $xyz$ 空間の空の四面体 $\mathscr{P}$ の頂点を

$$(0,0,0),\ (1,1,0),\ (1,0,1),\ (0,1,1)$$

とする。ふくらまし $2\mathscr{P}$ を平行移動した格子四面体

$$\mathscr{Q} = 2\mathscr{P} - (1,1,1)$$

の頂点は

$$(-1,-1,-1),\ (1,1,-1),\ (1,-1,1),\ (-1,1,1)$$

である。格子四面体 $\mathscr{Q}$ は反射的凸多面体である。

一般に、$xyz$ 空間の格子凸多面体 $\mathscr{P}$ のふくらまし $N\mathscr{P}$ が平行移動で反射的凸多面体となるとき、$\mathscr{P}$ を**指数 $N$ のゴレンシュタイン**（Gorenstein）**多面体**と呼ぶ。

紙面の無駄かもしれないが、定理（8.2）を巡る著者の回想を語ろう。著者は、1988 年 8 月から 1989 年 7 月、MIT[*1]に滞在した。1988 年の秋、著者は、ゴレンシュタイン環などとの関連から、条件 (31) が成立する一般次元の格子凸多面体の特徴を探究していた。あれこれと模索し、補題（8.1）に辿り着き[*2]、任意のファセット[*3]の方程式が

$$a_1x_1 + a_2x_2 + \cdots + a_dx_d = 1$$

（ただし、$a_1, a_2, \cdots, a_d$ は整数）と表されることが必要十分であることがわかった。

しかしながら、その頃の著者は双対凸多面体の概念を知らなかった。その結果を MIT の Combinatorics Seminar で喋ったとき、聴衆の一人から、ファセットの方程式の条件は、双対凸多面体が格子凸多面体になることと同値である、という

---

＊1　Massachusetts Institute of Technology

＊2　補題（8.1）の証明は一般次元でもそのまま有効である。

＊3　すなわち、次元 $d-1$ の面のことである。

ことを指摘された。ファセットの方程式の条件だと華やかさに欠けるが、双対凸多面体が格子凸多面体という条件だと、ちょっと優雅な雰囲気が漂う。なお、反射的凸多面体という概念が浸透し始めたのは、それからしばらくの後であった。

なお、条件 (31) は、エルハート多項式の母函数を考えると、有限数列の対称性と言い換えることができるから、有限数列の対称性と格子凸多面体の反射性が同値になることとなり、優雅な雰囲気が深まる*1。

以下、その有限数列の対称性とはどのようなことであるかを紹介しよう。

無限級数の公式

$$1+\lambda+\lambda^2+\cdots=\frac{1}{1-\lambda} \tag{33}$$

は、高校数学の周知の事実である。

収束を考えると、公式 (33) は $|\lambda|<1$ のときに限り有効である。ところが、収束を忘れ、$\lambda$ を数値ではなく、単なる文字と考える*2と、

$$(1-\lambda)(1+\lambda+\lambda^2+\cdots)=1+0+0+\cdots=1$$

だから、公式 (33) が従う。公式 (33) の両辺を微分*3すると

---

*1　T. Hibi, Dual polytopes of rational convex polytopes, *Combinatorica* **12** (1992), 237–240.

*2　いわゆる**形式的冪級数**と呼ばれる。多項式の演算を真似ると、加減乗除が定義できる。ただし、多項式の範囲では $1-\lambda$ は逆元を持たないが、形式的冪級数の範囲で考えると逆元を持つなど、状況は異なる。

*3　極限の操作を忘れ、形式的冪級数の代数演算としての微分を、多項式、分数函数の微分の公式を真似ることから定義する。

$$1+2\lambda+3\lambda^2+4\lambda^3+\cdots=\frac{1}{(1-\lambda)^2} \tag{34}$$

となる。

- 一般に、無限数列 $\{a_n\}_{n=0}^{\infty}$ があったとき、文字 $\lambda$ の無限級数

  $$a_0+a_1\lambda+a_2\lambda^2+a_3\lambda^3+\cdots$$

  を無限数列 $\{a_n\}_{n=0}^{\infty}$ の**母函数**と呼ぶ。

**（8.3）補題　無限数列** $\left\{\binom{d+n-1}{d-1}\right\}_{n=0}^{\infty}$ **の母函数は**

$$\sum_{n=0}^{\infty}\binom{d+n-1}{d-1}\lambda^n=\frac{1}{(1-\lambda)^d}$$

**である。ただし、**$d\geq 1$ **は整数、**$\binom{d+n-1}{d-1}$ **は二項係数**

$$\binom{d+n-1}{d-1}={}_{d+n-1}\mathrm{C}_{d-1}=\frac{(d+n-1)!}{n!(d-1)!}$$

**である。**

［証明］　等式

$$\frac{1}{(1-\lambda)^d}=(1+\lambda+\lambda^2+\lambda^3+\cdots)^d$$

の右辺を展開するときの $\lambda^n$ の係数は、方程式

$$z_1+z_2+\cdots+z_d=n$$

の非負整数解の個数である。換言すると、変数 $x_1,x_2,\cdots,x_d$ の単項式で次数が $n$ となるものの個数である。その個数は、$d$ 個のものから $n$ 個を選ぶ重複組合せの個数であるから

$$\binom{d+n-1}{n} = \binom{d+n-1}{d-1}$$

である。■

例　無限数列 $\{(n+1)^2\}_{n=0}^{\infty}$ の母函数は

$$1^2 + 2^2\lambda + 3^2\lambda^2 + 4^2\lambda^3 + \cdots = \frac{1+\lambda}{(1-\lambda)^3} \tag{35}$$

である。実際、

$$\frac{1+\lambda}{(1-\lambda)^3} = \sum_{n=0}^{\infty} b_n \lambda^n$$

とすると、補題（8.3）から

$$b_n = \binom{n+2}{2} + \binom{n+1}{2} = (n+1)^2$$

となる。

例　無限数列 $\{(n+1)^3\}_{n=0}^{\infty}$ の母函数は

$$1^3 + 2^3\lambda + 3^3\lambda^2 + 4^3\lambda^3 + \cdots = \frac{1+4\lambda+\lambda^2}{(1-\lambda)^4} \tag{36}$$

である。実際、

$$\frac{1+4\lambda+\lambda^2}{(1-\lambda)^4} = \sum_{n=0}^{\infty} c_n \lambda^n$$

とすると、補題（8.3）から

$$c_n = \binom{n+3}{3} + 4\binom{n+2}{3} + \binom{n+1}{3} = (n+1)^3$$

となる。

以上の準備の下、格子凸多面体の数え上げ函数の母函数を議論しよう。

**(8.4) 補題　格子凸多面体 $\mathscr{P}$ の数え上げ函数 $i(\mathscr{P},N)$ の数列 $\{i(\mathscr{P},N)\}_{N=0}^{\infty}$ の母函数を $F(\mathscr{P},\lambda)$ とする*。すると、**

$$F(\mathscr{P},\lambda) = 1 + \sum_{N=1}^{\infty} i(\mathscr{P},N)\lambda^N$$
$$= \frac{\delta_0 + \delta_1\lambda + \delta_2\lambda^2 + \delta_3\lambda^3}{(1-\lambda)^4}$$

**となる。ただし、$\delta_0, \delta_1, \delta_2, \delta_3$ は整数である。**

［証明］　多項式 $i(\mathscr{P},N)$ は $N$ に関する 3 次の多項式

$$aN^3 + bN^2 + cN + 1$$

である。すると、母函数 $F(\mathscr{P},\lambda)$ は

$$1 + a\sum_{N=1}^{\infty} N^3\lambda^N + b\sum_{N=1}^{\infty} N^2\lambda^N + c\sum_{N=1}^{\infty} N\lambda^N + \sum_{N=1}^{\infty} \lambda^N$$

となるから、公式 (33) と等式 (34) と (35) と (36) を使うと、

$$1 + \frac{a(\lambda + 4\lambda^2 + \lambda^3)}{(1-\lambda)^4} + \frac{b(\lambda + \lambda^2)}{(1-\lambda)^3} + \frac{c\lambda}{(1-\lambda)^2} + \frac{\lambda}{(1-\lambda)}$$

となる。分母を $(1-\lambda)^4$ とし、計算すると、分子の $\lambda^4$ の係数は 0 となるから、分子の $\lambda$ に関する次数は $\leq 3$ となる。すると、

* ただし、$i(\mathscr{P},0) = 1$ である。

$$\delta_0 + \delta_1\lambda + \delta_2\lambda^3 + \delta_3\lambda^3 = (1-\lambda)^4\left(1 + \sum_{N=1}^{\infty} i(\mathscr{P}, N)\right) \quad (37)$$

から、$\delta_0, \delta_1, \delta_2, \delta_3$ が整数であることが従う。■

なお、$\delta_0, \delta_1, \delta_2, \delta_3$ を $a, b, c$ を使って表示すると

$$\delta_0 = 1$$
$$\delta_1 = a + b + c - 3$$
$$\delta_2 = 4a - 2c + 3$$
$$\delta_3 = a - b + c - 1$$

となる。

**定義**　**補題（8.4）の整数の数列** $(\delta_0, \delta_1, \delta_2, \delta_3)$ **を格子凸多面体** $\mathscr{P}$ **の** $\delta$ **列と呼び、**

$$\delta(\mathscr{P}) = (\delta_0, \delta_1, \delta_2, \delta_3)$$

**と表す。**

たとえば、格子四面体 $\mathscr{P}$ の頂点が

$$(1,1,0),\ (1,0,1),\ (0,1,1),\ (0,0,0)$$

のとき、そのエルハート多項式と $\delta$ 列は

$$i(\mathscr{P}, N) = \frac{\lambda^3 + 3\lambda^2 + 5\lambda + 3}{3}$$
$$\delta(\mathscr{P}) = (1, 0, 1, 0)$$

となる。

格子凸多面体 $\mathscr{P}$ の $\delta$ 列を導入すると、定理（5.5）の相互法則が綺麗に解釈できる。

**（8.5）系　格子凸多面体 $\mathscr{P}$ の $\delta$ 列を $\delta(\mathscr{P})=(\delta_0,\delta_1,\delta_2,\delta_3)$ とする。数え上げ函数 $i^*(\mathscr{P},N)$ の数列 $\{i^*(\mathscr{P},N)\}_{N=1}^{\infty}$ の母函数を $F^*(\mathscr{P},\lambda)$ とする。すると、**

$$
\begin{aligned}
F^*(\mathscr{P},\lambda) &= \sum_{N=1}^{\infty} i^*(\mathscr{P},N)\lambda^N \\
&= \frac{\delta_3\lambda+\delta_2\lambda^2+\delta_1\lambda^4+\delta_0\lambda^4}{(1-\lambda)^4}
\end{aligned}
$$

**となる。**

［証明］　定理（5.5）の相互法則

$$
i^*(\mathscr{P},N)=(-1)^3\,i(\mathscr{P},-N),\ \ N=1,2,\cdots
$$

から、母函数 $F^*(\mathscr{P},\lambda)$ は

$$
\frac{a(\lambda+4\lambda^2+\lambda^3)}{(1-\lambda)^4}-\frac{b(\lambda+\lambda^2)}{(1-\lambda)^3}+\frac{c\lambda}{(1-\lambda)^2}-\frac{\lambda}{(1-\lambda)}
$$

となる。分母を $(1-\lambda)^4$ とし、計算し、分子を

$$
q_1\lambda+q_2\lambda^2+q_3\lambda^3+q_4\lambda^4
$$

とすると、

$$
\begin{aligned}
q_1 &= a-b+c-1 \\
q_2 &= 4a-2c+3 \\
q_3 &= a+b+c-3 \\
q_4 &= 1
\end{aligned}
$$

となる。すると、

$$q_4 = \delta_0,\ q_3 = \delta_1,\ q_2 = \delta_2,\ q_1 = \delta_3$$

となる。■

**(8.6) 系　格子凸多面体 $\mathscr{P}$ の $\delta$ 列を $\delta(\mathscr{P}) = (\delta_0, \delta_1, \delta_2, \delta_3)$ とする。すると、**

- $\delta_0 = 1$
- $\delta_1 = |\mathscr{P} \cap \mathbb{Z}^3| - 4$
- $\delta_3 = |(\mathscr{P} \setminus \partial\mathscr{P}) \cap \mathbb{Z}^3|$
- $A(\mathscr{P}) = \dfrac{\delta_0 + \delta_1 + \delta_2 + \delta_3}{6}$

**となる。ただし、$\partial\mathscr{P}$ は $\mathscr{P}$ の境界、$A(\mathscr{P})$ は $\mathscr{P}$ の体積である。**

［証明］　まず、等式 (37) の両辺の定数項と $\lambda$ の係数を比較すると、

$$\delta_0 = 1,\ \ \delta_1 = i(\mathscr{P}, 1) - 4 = |\mathscr{P} \cap \mathbb{Z}^3| - 4$$

が従う。他方、系（8.5）の母函数の表示を

$$\delta_3\lambda + \delta_2\lambda^2 + \delta_1\lambda^3 + \delta_0\lambda^4 = (1-\lambda)^4 \sum_{N=1}^{\infty} i^*(\mathscr{P}, N)\lambda^N$$

とし、両辺の $\lambda$ の係数を比較すれば、

$$\delta_3 = i^*(\mathscr{P}, 1) = |(\mathscr{P} \setminus \partial\mathscr{P}) \cap \mathbb{Z}^3|$$

が従う。さらに、補題（8.4）の証明の直後の計算から

$$\delta_0 + \delta_1 + \delta_2 + \delta_3 = 6a$$

となる。すると、$i(\mathscr{P},N)$ の $N^3$ の係数、すなわち、$\mathscr{P}$ の体積 $A(\mathscr{P})$ を $a$ としていることから、

$$A(\mathscr{P}) = \frac{\delta_0 + \delta_1 + \delta_2 + \delta_3}{6}$$

が従う。■

定理（8.7）は、**回文定理**（palindrome theorem）と呼ばれる。有限数列の対称性と格子凸多面体の反射性を巡る華麗な定理である。

**（8.7）定理　格子凸多面体 $\mathscr{P}$ は原点を内部に含むとし、**

$$\delta(\mathscr{P}) = (\delta_0, \delta_1, \delta_2, \delta_3)$$

**をその $\delta$ 列とする。このとき、$\mathscr{P}$ が反射的凸多面体となるためには、$\delta(\mathscr{P})$ が対称数列、すなわち**

$$\delta_0 = \delta_3, \quad \delta_1 = \delta_2$$

**となることが必要十分である。**

［証明］　格子凸多面体 $\mathscr{P}$ が原点を内部に含むとき、$\mathscr{P}$ が反射的凸多面体となるためには、条件 (31) が成立することが必要十分である。

換言すると、数列 $\{i(\mathscr{P},N-1)\}_{n=1}^{\infty}$ と数列 $\{i^*(\mathscr{P},N)\}_{n=1}^{\infty}$ の母函数が一致すること、すなわち、

$$\lambda F(\mathscr{P},\lambda) = F^*(\mathscr{P},\lambda)$$

となることが必要十分である。両辺の分子を比較すると

$$\delta_0\lambda + \delta_1\lambda^2 + \delta_2\lambda^3 + \delta_3\lambda^4 = \delta_3\lambda + \delta_2\lambda^2 + \delta_1\lambda^4 + \delta_0\lambda^4$$

となることが必要十分である。■

- 頂点 $(\pm1,\pm1,\pm1)$ の立方体 $\mathscr{P}$ には 27 個の格子点が属し、内部の格子点は原点が唯一の格子点、しかも、体積は 8 である。すると、系（8.6）を使うと、その $\delta$ 列は

$$\delta(\mathscr{P}) = (1,23,23,1)$$

  となるから対称数列である。

- 格子四面体

$$\mathscr{P} = \mathrm{conv}((-1,-1,-1),(1,1,0),(1,0,1),(0,1,1))$$

  には 5 個の格子点が属し、内部の格子点は原点が唯一の格子点、しかも、体積は 5 である。すると、系（8.6）を使うと、その $\delta$ 列は

$$\delta(\mathscr{P}) = (1,1,2,1)$$

  となるから対称数列とはならない。実際、$\mathscr{P}^{\vee}$ は $\left(\frac{1}{2},\frac{1}{2},\frac{1}{2}\right)$ を頂点に持つから、$\mathscr{P}$ は反射的ではない。

格子凸多面体のユニモジュラ変換とユニモジュラ同値も、格子凸多角形の定義を踏襲すれば定義できる。反射的凸多面体はユニモジュラ同値を除くと 4,319 個に分類される。しかしながら、その分類は、あくまでも計算機を使うことから導かれ、定理（7.12）の証明を一般化し、理論的な証明をすることは、実際問題、無理なことであろう。

**歴史的背景**

$xyz$ 空間の格子凸多面体のエルハート多項式の理論は、一

般次元の空間の次元 $d \geq 4$ の格子凸多面体に焼き直すことができる。しばらくの間、その以呂波を、歴史的背景とともに、概観しよう。

簡単のため、空間 $\mathbb{R}^d$ の次元 $d$ の格子凸多面体 $\mathscr{P}$ を扱う。空間 $\mathbb{R}^d$ の格子点とは、もちろん、$\mathbb{Z}^d$ に属する点のことである。格子凸多面体とは、すべての頂点が格子点である凸多面体のことをいう。

次元 $d$ の格子凸多面体 $\mathscr{P} \subset \mathbb{R}^d$ のふくらまし

$$N\mathscr{P} = \{N\alpha \in \mathbb{R}^d : \alpha \in \mathscr{P}\}, \ N = 1, 2, \cdots$$

に属する格子点の個数

$$i(\mathscr{P}, N) = |N\mathscr{P} \cap \mathbb{Z}^d|, \ N = 1, 2, \cdots$$

を $\mathscr{P}$ の数え上げ函数と呼ぶ。すると、$i(\mathscr{P}, N)$ は $N$ に関する次数 $d$ の多項式で、その $N^d$ の係数は $\mathscr{P}$ の体積、しかも、定数項は 1 である。さらに、

$$i^*(\mathscr{P}, N) = |N(\mathscr{P} \setminus \partial\mathscr{P}) \cap \mathbb{Z}^d|, \ N = 1, 2, \cdots$$

とすると、相互法則

$$i^*(\mathscr{P}, N) = (-1)^d i(\mathscr{P}, -N)$$

が成立する。多項式 $i(\mathscr{P}, N)$ を $\mathscr{P}$ のエルハート多項式と呼ぶ。

エルハート多項式の理論は、フランスの高等学校 lycée の数学教師ウジェーヌ・エルハート（Eugène Ehrhart）の研究を始祖とする。

- E. Ehrhart, Sur un problème de géométrie diophantienne

linéaire I and II, *J. Reine Angew. Math.* 226 (1967), 1–29 and 227 (1967), 25–49.

エルハート多項式の理論は、凸多面体の組合せ論はいうまでもなく、可換環論、代数幾何など、周辺分野と調和し、壮大な理論が誘われている。

エルハートがエルハート多項式の礎を築いたのは、おそらく、1955 年から 1968 年であろう。その間、65 編の（フランス語の）研究論文を発表している。第 6 章の歴史的背景を参照してもらいたいのだが、ちょうど、凸多面体論の現代的潮流が誕生する夜明け前である。凸多面体、可換環論、代数幾何などの研究者がエルハートの仕事を認識するようになったのは、1990 年前後であろう。

第 6 章の歴史的背景の続きであるが、1980 年から 1990 年の 10 年間は、凸多面体論を含む組合せ論と可換環論の境界分野が育まれた時代であったといえよう。著者が修士課程に進学したのは 1981 年 4 月であるから、著者は、その境界分野が育まれる時代の雰囲気を肌で感じながら、就職難で悪戦苦闘をしながらも、駆け出し数学者の生活を満喫した。

可換環論は、整数論、不変式論、表現論などとの相互関係を堅持しながら発展してきた*が、組合せ論との遭遇は、きわめて斬新なものであった。組合せ論と可換環論の境界分野の誕生を誘った仕事は

- R. P. Stanley, The upper bound conjecture and Cohen–

---

* たとえば、［松村英之（著）『復刊 可換環論』（共立出版、2000 年 9 月）］の序文を参照されたい。

Macaulay rings, *Stud. Appl. Math.* 54 (1975), 135–142.
- G. A. Reisner, Cohen–Macaulay quotients of polynomial rings, *Adv. Math.* 21 (1976), 30–49.

である。Gerald Reisner（Bell Telephone Laboratories）の論文は、多項式環のいくつかの squarefree な単項式*が生成するイデアルの剰余環が Cohen–Macaulay 環であるための必要十分条件をそのイデアルに付随する単体的複体のトポロジーで記述した。Richard Stanley の論文は、Reisner の判定法を駆使し、単体的凸多面体の上限定理を球面の単体分割の $f$ 列に一般化することに成功した。単体的複体と Cohen–Macaulay 環に深入りすることは、本著の守備範囲を越えるから省く。

スタンレーのテキスト［R. P. Stanley, "Combinatorics and Commutative Algebra," Birkhäuser, 1983］も追い風となり、可換環論と組合せ論の境界分野が数学の分野としても市民権を獲得したのは、1985 年から 1990 年の頃だろう。

単項式（が生成する）イデアルの可換環論は、1990 年から 2000 年の 10 年間で急激な発展を遂げ、おびただしい数の論文が出版されている。テキスト［J. Herzog and T. Hibi, "Monomial Ideals," Graduate Texts in Math. 260, Springer, 2011］などを参照されたい。その勢いは、現在も、継続されている。

エルハートの仕事も、可換環論の研究に著しい影響を及ぼしている。エルハート多項式は、いくつかの単項式が生成する多項式環の部分環のヒルベルト函数となっている。そのか

---

* 一般に、変数 $x_1, x_2, \cdots, x_n$ の単項式 $x_1^{a_1} x_2^{a_2} \cdots x_n^{a_n}$ が squarefree であるとは、それぞれの冪 $a_i$ が 0 あるいは 1 であるときをいう。すると、$n$ 変数の $d$ 次の squarefree な単項式の個数は $\binom{n}{d}$ である。

らくりは、格子凸多面体 $\mathscr{P} \subset \mathbb{R}^d$ のふくらまし $N\mathscr{P}$ に属する格子点 $\mathbf{a} = (a_1, a_2, \cdots, a_d)$ に負の冪も許す単項式

$$x_1^{a_1} x_2^{a_2} \cdots x_n^{a_d} t^d$$

を付随させることである。単項式が生成する多項式環の部分環に関する記念碑的な論文

- M. Hochster, Rings of invariants of tori, Cohen–Macaulay rings generated by monomials, and polytopes, *Annals of Math.* 96 (1972), 318–337.

は、そのような部分環が正規環であれば Cohen–Macaulay 環であることの証明を披露している。そのタイトルの "polytopes" は、その証明が、(マクマレンの上限定理の証明と同じく、)[H. Bruggesser and P. Mani, Shellable decompositions of cells and spheres, *Math. Scand.* 29 (1971), 197–205] に依存していることから示唆されるものなのだろう。Hochster は、凸多面体論を可換環論に輸入した先駆者である。イデアルと部分環という相違はあるものの、Reisner も Stanley も、Hochster の影響を受けている。

可換環論と組合せ論の境界分野の誕生の秘話から離れ、冒頭のエルハート多項式の議論に戻ろう。

整数の数列 $\delta_0, \delta_1, \cdots$ を

$$(1-\lambda)^{d+1}\left(1 + \sum_{N=1}^{\infty} i(\mathscr{P}, N)\lambda^N\right) = \sum_{i=1}^{\infty} \delta_i \lambda^i$$

と定義すると

$$\delta_i = 0, \quad \forall i > d$$

である。整数の数列

$$\delta(\mathscr{P}) = (\delta_0, \delta_1, \cdots, \delta_d)$$

を $\mathscr{P}$ の $\delta$ 列と呼ぶ。すると、

- $\delta_0 = 1$
- $\delta_1 = |\mathscr{P} \cap \mathbb{Z}^d| - d + 1$
- $\delta_d = |(\mathscr{P} \setminus \partial\mathscr{P}) \cap \mathbb{Z}^d|$
- $\mathscr{P}$ の体積 $= \dfrac{\delta_0 + \delta_1 + \cdots + \delta_d}{d!}$

である。

一般に、次元 $d$ の凸多面体 $\mathscr{P} \subset \mathbb{R}^d$ が原点を内部に含むとき、部分集合 $\mathscr{P}^\vee \subset \mathbb{R}^d$ を

$$\mathscr{P}^\vee = \{\mathbf{x} \in \mathbb{R}^d : \langle \mathbf{x}, \mathbf{y} \rangle \leq 1,\ \forall \mathbf{y} \in \mathscr{P}\}$$

と定義する。すると、$\mathscr{P}^\vee \subset \mathbb{R}^d$ は次元 $d$ の凸多面体で原点を内部に含む。さらに、$(\mathscr{P}^\vee)^\vee = \mathscr{P}$ である。凸多面体 $\mathscr{P}^\vee$ を $\mathscr{P}$ の双対凸多面体と呼ぶ。

空間 $\mathbb{R}^d$ の次元 $d$ の格子凸多面体 $\mathscr{P}$ の内部に原点が属するとき、$\mathscr{P}$ が反射的凸多面体であるとは、$\mathscr{P}$ の双対凸多面体 $\mathscr{P}^\vee$ が格子凸多面体であるときにいう。反射的凸多面体の概念が流布したのは、1995 年前後であろう。ゴレンシュタイン・トーリック・ファノ多様体に関連する研究（［V. V. Batyrev, Dual polyhedra and mirror symmetry for Calabi–Yau hypersurfaces in toric varieties, *J. Algebraic Geom.* **3** (1994), no. 3, 493–535］など）の影響が著しい。

**回文定理**[*1]　次元 $d$ の格子凸多面体 $\mathscr{P} \subset \mathbb{R}^d$ は原点を内部に含むとする。このとき、$\mathscr{P}$ が反射的凸多面体であるためには、$\mathscr{P}$ の $\delta$ 列 $\delta(\mathscr{P}) = (\delta_0, \delta_1, \cdots, \delta_d)$ が対称数列であること、すなわち、

$$\delta_i = \delta_{d-i}, \ \ i = 1, 2, \cdots, d$$

となることが必要十分である。■

なお、次元 $d$ の格子凸多面体 $\mathscr{P} \subset \mathbb{R}^d$ の内部に含まれる格子点の個数 $c \geq 1$ を固定すると、$\mathscr{P}$ の体積には上限がある[*2]。特に、次元 $d$ の反射的凸多面体は、ユニモジュラ同値を除くと有限個しか存在しない。

ところで、単体的凸多面体の $h$ 列に関する上限定理と下限定理を、第 6 章の歴史的背景で紹介したが、その類似を $\delta$ 列で考えることは自然である。

**下限定理**[*3]　次元 $d$ の格子凸多面体 $\mathscr{P} \subset \mathbb{R}^d$ が格子点を内部に含むとする。このとき、$\mathscr{P}$ の $\delta$ 列 $\delta(\mathscr{P}) = (\delta_0, \delta_1, \cdots, \delta_d)$ は、不等式

$$\delta_1 \leq \delta_i, \ \ i = 1, 2, \cdots, d-1$$

を満たす。■

---

＊1　T. Hibi, Some results on Ehrhart polynomials of convex polytopes, *Discrete Math.* **83** (1990), 119–121.

＊2　D. Hensley, Lattice vertex polytopes with interior lattice points, *Pacific J. Math.* **105** (1983), 183–191.

＊3　T. Hibi, A lower bound theorem for Ehrhart polynomials of convex polytopes, *Adv. Math.* **105** (1994), 162–165.

しかしながら、上限定理の不等式の $\delta$ 類似

$$\delta_i \leq \binom{\delta_1 + i - 1}{i}, \ \ 1 \leq i \leq d \tag{38}$$

は、一般には、成立しない。

例　空間 $\mathbb{R}^4$ の 8 個の格子点

$$\pm(0,0,0,1), \pm(1,1,0,1), \pm(1,0,1,1), \pm(0,1,1,1) \tag{39}$$

を頂点とする次元 4 の格子凸多面体 $\mathscr{P}$ の $\delta$ 列は

$$\delta(\mathscr{P}) = (1,4,22,4,1)$$

である。すると、

$$\delta_2 = 22 > \binom{\delta_1 + 2 - 1}{2} = 10$$

である。

上限定理の $\delta$ 類似の不等式 (38) が成立するための $\mathscr{P}$ が満たすべき典型的な十分条件を挙げよう。

一般に、格子凸多面体 $\mathscr{P} \subset \mathbb{R}^d$ が**整分割性**を持つとは、次の条件が満たされるときにいう。

任意の $N \geq 1$ と任意の格子点 $\alpha \in N\mathscr{P}$ について、$\mathscr{P}$ に属する $N$ 個の格子点 $\alpha_1, \alpha_2, \cdots, \alpha_N$ を適当に選ぶと、$\alpha = \alpha_1 + \alpha_2 + \cdots + \alpha_N$ とできる*。

たとえば、8 個の格子点 (39) を頂点とする次元 4 の格子凸

---

* ただし、$i \neq j$ でも $\alpha_i = \alpha_j$ となることも許す。

多面体 $\mathscr{P}$ に属する格子点は、8 個の頂点と原点である。すると、$(1,1,1,2) \in 2\mathscr{P}$ であるが、$(1,1,1,2) = \alpha + \alpha'$ となる格子点 $\alpha, \alpha' \in \mathscr{P}$ は存在しない。すなわち、$\mathscr{P}$ は整分割性を持たない。

可換環論、特に、Cohen–Macaulay 環の理論を経由すると、

**上限定理　次元 $d$ の格子凸多面体 $\mathscr{P} \subset \mathbb{R}^d$ が整分割性を持つならば、$\mathscr{P}$ の $\delta$ 列 $\delta(\mathscr{P}) = (\delta_0, \delta_1, \cdots, \delta_d)$ は、不等式 (38) を満たす。** ■

次元 $d$ の単体的凸多面体 $\mathscr{P}$ の $h$ 列 $h(\mathscr{P}) = (h_0, h_1, \cdots, h_d)$ は、マクマレン $g$ 予想の「必要性」のスタンレーによる証明から

$$h_0 \leq h_1 \leq h_2 \leq \cdots \leq h_{\lfloor \frac{d}{2} \rfloor}$$

を満たす。その $\delta$ 類似が成立するか否かを問うことは自然である。すなわち、次元 $d$ の反射的凸多面体 $\mathscr{P} \subset \mathbb{R}^d$ の $\delta$ 列 $\delta(\mathscr{P}) = (\delta_0, \delta_1, \cdots, \delta_d)$ は

$$\delta_0 \leq \delta_1 \leq \delta_2 \leq \cdots \leq \delta_{\lfloor \frac{d}{2} \rfloor} \tag{40}$$

を満たすか、という問いが浮上する。

一般には、不等式 (40) は成立しない*。しかしながら、反射的凸多面体 $\mathscr{P}$ が整分割性を持てば、不等式 (40) が成立する、と、永年、予想されている。

反射的凸多角形の分類作業は、第 7 章で紹介した。一般次

---

* M. Mustaţă and S. Payne, Ehrhart polynomials and stringy Betti numbers, *Math. Ann.* **333** (2005), 787–795.

元 $d \geq 3$ の反射的凸多面体を分類するアルゴリズムは知られており、計算機にも実装されている*。

格子凸多面体の研究を発展させる戦略の第 1 は、格子凸多面体の $\delta$ 列の分類である。第 5 章第 1 節の Memo で紹介したように、第 3 章の Memo のスコットの定理から、$xy$ 平面の格子凸多角形の $\delta$ 列を完全に決定することができる。しかしながら、$xyz$ 空間の格子凸多角形の $\delta$ 列を完全に決定することは未解決である。

第 2 の戦略は、格子凸多面体の $\delta$ 列を固定するとき、その $\delta$ 列を持つ格子凸多面体を、ユニモジュラ同値となるものは同一視し、分類することである。たとえば、反射的凸多角形の分類作業とは、

$$d = 2,\ \delta_0 = 1,\ \delta_1 = a,\ \delta_2 = 1$$

となる格子多角形を分類したことになる。なお、スコットの定理から、$1 \leq a \leq 7$ である。

たとえば、下限定理を満たすような次元 $d \geq 3$ の格子凸多面体、すなわち、$\delta$ 列が

$$\delta_0 = 1, \delta_1 = \delta_2 = \cdots = \delta_{d-1}, \delta_d > 0$$

となる次元 $d$ の格子凸多面体を分類することも一案である。そのような分類作業は、純粋な凸多面体論の世界をはるかに越え、トーリック多様体などの代数幾何の世界に浸透する。

第 3 の戦略は、格子凸多面体の特徴を踏まえ、分類す

---

* http://hep.itp.tuwien.ac.at/~kreuzer/CY/

ることである。その源とも呼べる研究は、Centrally symmetric smooth Fano polytope と呼ばれる格子凸多面体の根系（root system）を使い、分類した仕事［V. E. Voskresenskiĭ and A. A. Klyachko, Toroidal Fano varieties and root systems, *Math. USSR Izvestiya* 24 (1985), 221–244］である。

格子凸多面体の魅惑の世界を探るには、

- T. Hibi and A. Tsuchiya, Eds., “Algebraic and Geometric Combinatorics on Lattice Polytopes,” World Scientific, Singapore, 2019, ix+465 pp., ISBN: 978-9811200472.

なども参考となる。

# あとがき

本著の続編となるテキストを執筆するならば、どのようなテーマを扱い、どのように配列するのが妥当であろうか。

まず、第1章は、格子凸多角形を扱い、ピックの公式、スコットの定理、エルハート多項式、反射的凸多角形の12点定理と分類理論を紹介しよう。第2章は、凸多面体の一般論と称し、凸集合と凸多面体の基礎概念を網羅し、一般次元のオイラーの定理を証明するのが適切だろう。第3章は、1970年から1980年にかけての歴史的背景も踏まえ、単体的凸多面体の面の数え上げと題し、マクマレンの上限定理とバーネットの下限定理を紹介し、マクマレンg 予想の「十分性」のビレラとリーの証明と、「必要性」のスタンレーの証明をざっと眺めるだろう。凸多面体論の歴史に燦然と輝く仕事の解説である。第4章は、格子凸多面体の格子点の数え上げと称し、一般次元の格子凸多面体のエルハート多項式の理論を概説し、$\delta$ 列に関する回文定理と下限定理を証明し、著名な格子凸多面体の類を紹介しよう。その後、紙面が許す限り、分類理論の展望を占うと趣があるだろう。

などなど、本著を校正しながら考えているが、そのようなテキストを執筆することは、著者の老後の楽しみである。

著者は、凸多面体論に関連するテキスト『可換代数と組合せ論』（シュプリンガー・フェアラーク東京、1995年4月）と『グレブナー基底』（朝倉書店、2003年6月）を著している。両者とも、可換代数の視点から執筆されている。著者の師匠は、（故）松村英之（名古屋大学）名誉教授である。著者は、師匠の名著『可換環論』（共立出版、1980年10月）を読破し、可換環論の基礎知識を習得した。学部４年生の卒業研究の折だったか、著者が師匠に「可換環論の抽象論を学びたいです」と言ったら、師匠は「抽象論などは具体的な問題に使えてこその抽象論だよ」と語ったと記憶している。師匠のその一言は、その後、著者が凸多面体論を研究するときの座右の銘でもある。

本著で展開されている凸多角形と凸多面体の話は、高校生でも十分に楽しむことができよう。できるだけ図版を入れ、計算を飛ばさないようにしながら執筆した。けれども、紙と鉛筆を準備し、計算をしなければ理解できない箇所もいくつかある。もっとも、紙面に必要以上の細かい計算を網羅すると、うんざりする紙面になるし、煩雑な計算は飛ばし、話の流れを楽しもうとするときの妨げになるのも事実である。

本著の執筆を依頼されたのは2018年7月である。暫定的な目次の案だと、ピックの公式に加え、スコットの定理も含まれていた。実際、2018年12月、スコットの原論文を参考にしながら、できるだけわかりやすく原稿を執筆することに挑戦したが、3 週間の執筆作業の後、細部まで煮詰めた原稿を作るのはたやすくないことを悟り、結局、原稿を破棄した。第3章のMemoで触れたとおり、スコットの原論文が1976年に出版されたときは、$xy$平面の格子凸多角形の簡単な論文と思われていたが、出版から四半世紀を経て、その先駆的な価値が認識されたのである。そのような背景もあるから、本著のような啓蒙書にはスコットの定理の解説は必須のものであるとの認識は堅持している。しかし、全体のバランスと紙面の都合も考慮し、本著の章からは削除した。

もっともっとあとがきの作文を続けることができれば嬉しいが、もはや紙面が尽きた。

# 索 引

あ

N.D.C.414　251p　18cm

ブルーバックス　B-2153

多角形と多面体
図形が織りなす不思議世界

2020年10月20日　第1刷発行

著者　日比孝之
発行者　渡瀬昌彦
発行所　株式会社講談社
〒112-8001 東京都文京区音羽2-12-21
電話　出版　03-5395-3524
販売　03-5395-4415
業務　03-5395-3615
印刷所　(本文印刷) 豊国印刷株式会社
(カバー表紙印刷) 信毎書籍印刷株式会社
製本所　株式会社国宝社

定価はカバーに表示してあります。


ISBN978-4-06-521361-2

発刊のことば

# 科学をあなたのポケットに

二十世紀最大の特色は、それが科学時代であるということです。科学は日に日に進歩を続け、止まるところを知りません。ひと昔前の夢物語もどんどん現実化しており、今やわれわれの生活のすべてが、科学によってゆり動かされているといっても過言ではないでしょう。

そのような背景を考えれば、学者や学生はもちろん、産業人も、セールスマンも、ジャーナリストも、家庭の主婦も、みんなが科学を知らなければ、時代の流れに逆らうことになるでしょう。

ブルーバックス発刊の意義と必然性はそこにあります。このシリーズは、読む人に科学的に物を考える習慣と、科学的に物を見る目を養っていただくことを最大の目標にしています。そのためには、単に原理や法則の解説に終始するのではなくて、政治や経済など、社会科学や人文科学にも関連させて、広い視野から問題を追究していきます。科学はむずかしいという先入観を改める表現と構成、それも類書にないブルーバックスの特色であると信じます。

一九六三年九月

野間省一

# ブルーバックス　数学関係書（I）

116 推計学のすすめ　佐藤 信
120 統計でウソをつく法　ダレル・ハフ／高木秀玄＝訳
177 ゼロから無限へ　C・レイド／芹沢正三＝訳
325 現代数学小事典　寺阪英孝＝編
408 数学質問箱　矢野健太郎
722 解ければ天才！　算数100の難問・奇問　中村義作
833 虚数$i$の不思議　堀場芳数
862 対数$e$の不思議　堀場芳数
908 数学トリック＝だまされまいぞ！　仲田紀夫
926 原因をさぐる統計学　豊田秀樹／前田忠彦／柳井晴夫
1003 マンガ　微積分入門　岡部恒治／藤岡文世＝絵
1013 違いを見ぬく統計学　豊田秀樹
1037 道具としての微分方程式　斎藤恭一／吉田 剛＝絵
1074 フェルマーの大定理が解けた！　足立恒雄
1201 自然にひそむ数学　佐藤修一
1243 高校数学とっておき勉強法　鍵本 聡
1312 マンガ　おはなし数学史　仲田紀夫＝原作／佐々木ケン＝漫画
1332 集合とはなにか　新装版　竹内外史
1352 確率・統計であばくギャンブルのからくり　谷岡一郎
1353 算数パズル「出しっこ問題」傑作選　仲田紀夫
1366 数学版　これを英語で言えますか？　保江邦夫＝著／E・ネルソン＝監修
1383 高校数学でわかるマクスウェル方程式　竹内 淳
1386 素数入門　芹沢正三
1407 入試数学　伝説の良問100　安田 亨
1419 パズルでひらめく　補助線の幾何学　中村義作
1429 数学21世紀の7大難問　中村 亨
1430 Ｅｘｃｅｌで遊ぶ手作り数学シミュレーション　田沼晴彦
1433 大人のための算数練習帳　佐藤恒雄
1453 大人のための算数練習帳　図形問題編　佐藤恒雄
1479 なるほど高校数学　三角関数の物語　原岡喜重
1490 暗号の数理　改訂新版　一松 信
1493 計算力を強くする　鍵本 聡
1536 計算力を強くするｐａｒｔ２　鍵本 聡
1547 広中杯　ハイレベル中学数学に挑戦　算数オリンピック委員会＝監修／青木亮二＝解説
1557 やさしい統計入門　田栗正章／藤越康祝／柳井晴夫／C・R・ラオ
1595 数論入門　芹沢正三
1598 なるほど高校数学　ベクトルの物語　原岡喜重
1606 関数とはなんだろう　山根英司
1619 離散数学「数え上げ理論」　野崎昭弘
1620 高校数学でわかるボルツマンの原理　竹内 淳
1629 計算力を強くする　完全ドリル　鍵本 聡

# ブルーバックス　数学関係書（II）

1657 高校数学でわかるフーリエ変換　竹内 淳
1661 史上最強の実践数学公式123　佐藤恒雄
1677 新体系　高校数学の教科書（上）　芳沢光雄
1678 新体系　高校数学の教科書（下）　芳沢光雄
1684 ガロアの群論　中村 亨
1704 高校数学でわかる線形代数　竹内 淳
1724 ウソを見破る統計学　神永正博
1738 物理数学の直観的方法（普及版）　長沼伸一郎
1740 マンガで読む　計算力を強くする　がそんみほ＝マンガ　銀杏社＝構成
1743 大学入試問題で語る数論の世界　清水健一
1757 高校数学でわかる統計学　竹内 淳
1764 新体系　中学数学の教科書（上）　芳沢光雄
1765 新体系　中学数学の教科書（下）　芳沢光雄
1770 連分数のふしぎ　木村俊一
1782 はじめてのゲーム理論　川越敏司
1784 確率・統計でわかる「金融リスク」のからくり　吉本佳生
1786 「超」入門　微分積分　神永正博
1788 複素数とはなにか　示野信一
1795 シャノンの情報理論入門　高岡詠子
1808 算数オリンピックに挑戦　'08～'12年度版　算数オリンピック委員会＝編
1810 不完全性定理とはなにか　竹内 薫

1818 オイラーの公式がわかる　原岡喜重
1819 世界は2乗でできている　小島寛之
1822 マンガ　線形代数入門　鍵本 聡＝原作　北垣絵美＝漫画
1823 三角形の七不思議　細矢治夫
1828 リーマン予想とはなにか　中村 亨
1833 超絶難問論理パズル　小野田博一
1838 読解力を強くする算数練習帳　佐藤恒雄
1841 難関入試　算数速攻術　松島りつこ＝画　中川 塁
1851 チューリングの計算理論入門　高岡詠子
1870 知性を鍛える　大学の教養数学　佐藤恒雄
1880 非ユークリッド幾何の世界　新装版　寺阪英孝
1888 直感を裏切る数学　神永正博
1890 ようこそ「多変量解析」クラブへ　小野田博一
1893 逆問題の考え方　上村 豊
1897 算法勝負！「江戸の数学」に挑戦　山根誠司
1906 ロジックの世界　ダン・クライアン／シャロン・シュアティル　ビル・メイブリン＝絵　田中一之＝訳
1907 素数が奏でる物語　西来路文朗／清水健一
1911 超越数とはなにか　西岡久美子
1913 やじうま入試数学　金 重明
1917 群論入門　芳沢光雄